JN193913

なぜ地震予知は不可能で、二次災害は拡大するのか

―地下ガスによる地震現象とその解明―

Horie Hiroshi

堀江 博●著

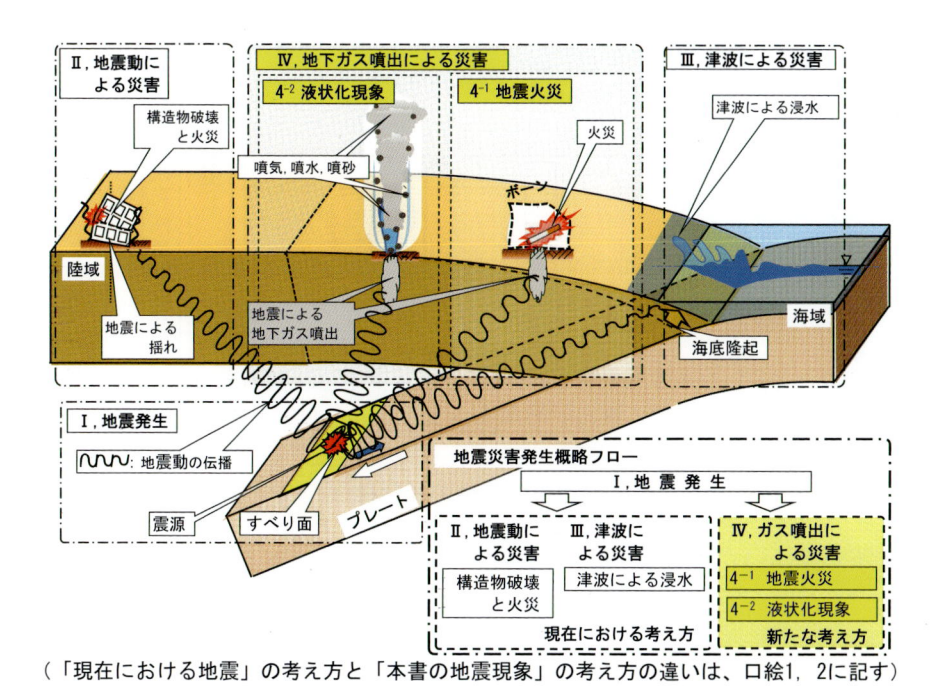

（「現在における地震」の考え方と「本書の地震現象」の考え方の違いは、口絵1，2に記す）

高文研

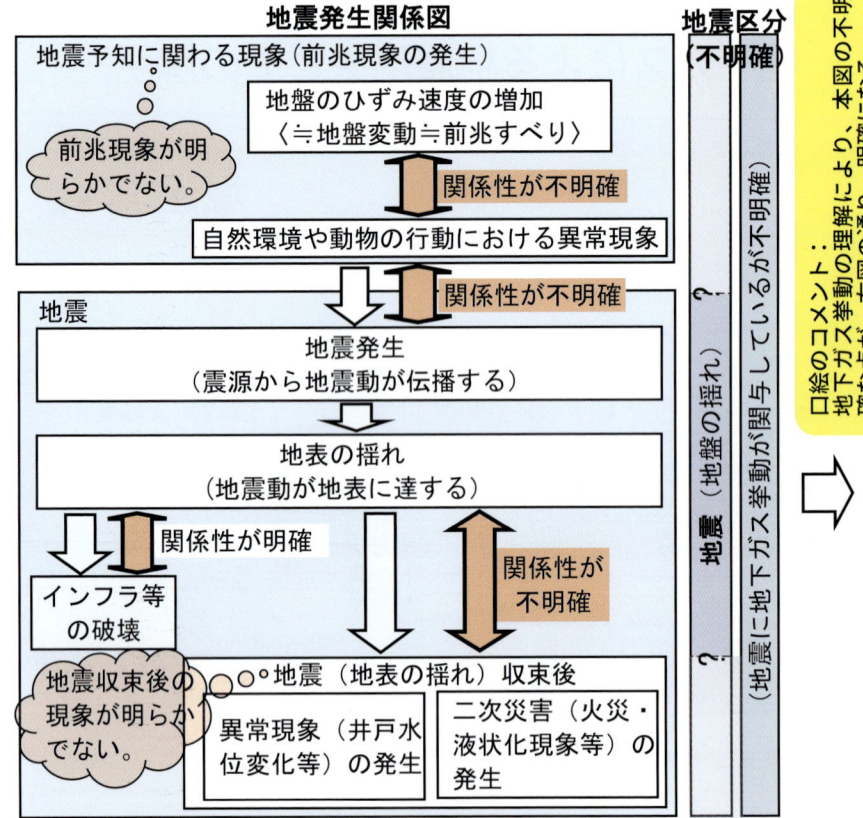

地震発生関係図

地震予知に関わる現象（前兆現象の発生）

前兆現象が明らかでない。

地盤のひずみ速度の増加
〈≒地盤変動≒前兆すべり〉

関係性が不明確

自然環境や動物の行動における異常現象

関係性が不明確

地震

地震発生
（震源から地震動が伝播する）

地表の揺れ
（地震動が地表に達する）

関係性が明確

インフラ等の破壊

関係性が不明確

地震収束後の現象が明らかでない。

地震（地表の揺れ）収束後

異常現象（井戸水位変化等）の発生

二次災害（火災・液状化現象等）の発生

地震と地下ガス挙動の関係性が不明確

地震区分（不明確）

地震（地盤の揺れ）

?

?

（地震に地下ガス挙動が関与しているが不明確）

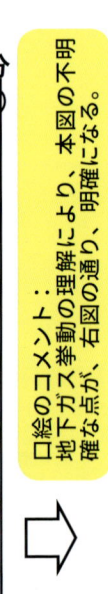

口絵のコメント：
地下ガス挙動の理解により、本図の不明確な点が、右図の通り、明確になる。

口絵1 （p11） 図0-1　現在における地震とその関連現象の関係概要図

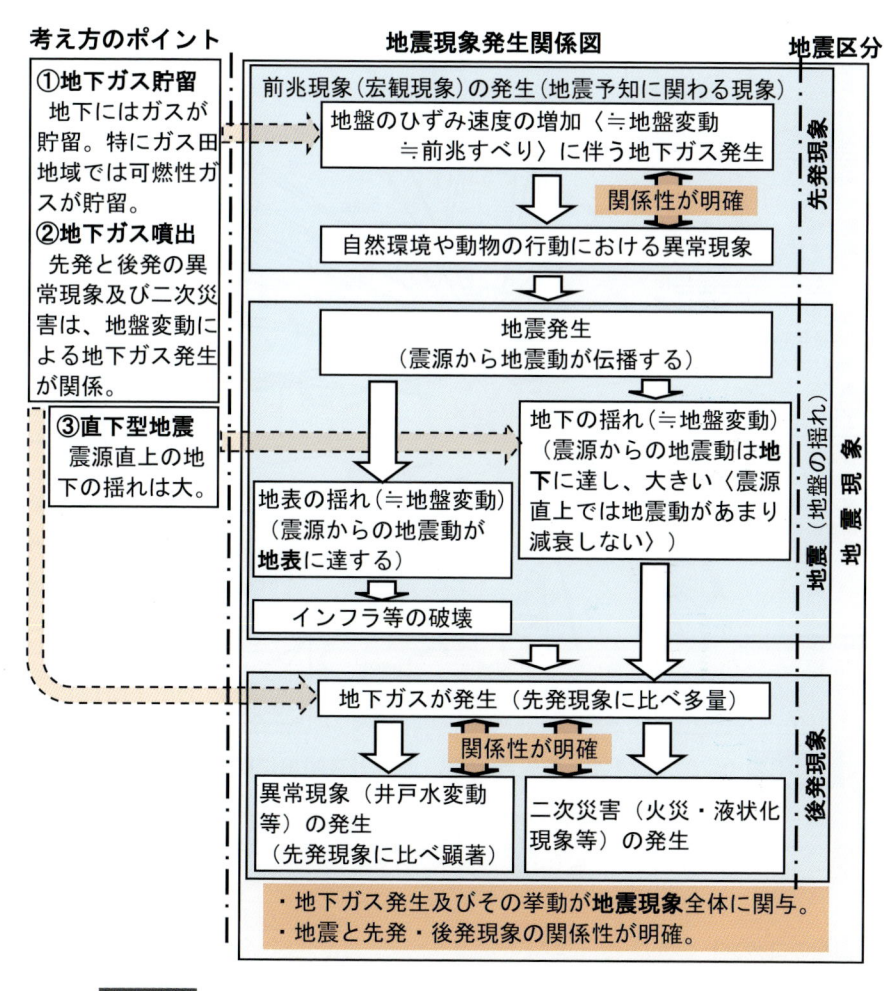

考え方のポイント	地震現象発生関係図	地震区分

考え方のポイント

①地下ガス貯留
　地下にはガスが貯留。特にガス田地域では可燃性ガスが貯留。

②地下ガス噴出
　先発と後発の異常現象及び二次災害は、地盤変動による地下ガス発生が関係。

③直下型地震
　震源直上の地下の揺れは大。

地震現象発生関係図

前兆現象（宏観現象）の発生（地震予知に関わる現象）

地盤のひずみ速度の増加〈≒地盤変動≒前兆すべり〉に伴う地下ガス発生

関係性が明確

自然環境や動物の行動における異常現象

地震発生
（震源から地震動が伝播する）

地表の揺れ（≒地盤変動）
（震源からの地震動が**地表**に達する）

インフラ等の破壊

地下の揺れ（≒地盤変動）
（震源からの地震動は**地下**に達し、大きい〈震源直上では地震動があまり減衰しない〉）

地下ガスが発生（先発現象に比べ多量）

関係性が明確

異常現象（井戸水変動等）の発生
（先発現象に比べ顕著）

二次災害（火災・液状化現象等）の発生

・地下ガス発生及びその挙動が**地震現象**全体に関与。
・地震と先発・後発現象の関係性が明確。

地震区分

先発現象

地震現象（地盤の揺れ）

後発現象

口絵2 （p21） 図0-4　地震現象と地下ガス挙動の関係概要図

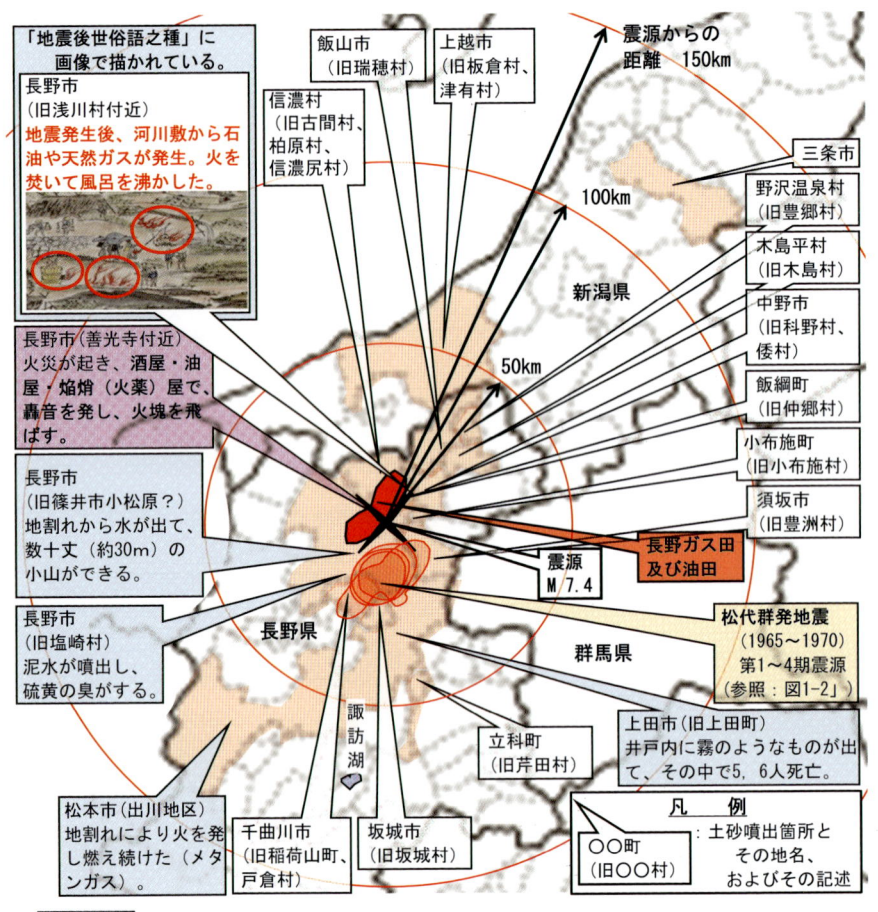

「地震後世俗語之種」に
画像で描かれている。

長野市
（旧浅川村付近）
地震発生後、河川敷から石
油や天然ガスが発生。火を
焚いて風呂を沸かした。

飯山市
（旧瑞穂村）

上越市
（旧板倉村、
津有村）

震源からの
距離　150km

信濃村
（旧古間村、
柏原村、
信濃尻村）

100km

新潟県

三条市

野沢温泉村
（旧豊郷村）

木島平村
（旧木島村）

中野市
（旧科野村、
倭村）

飯綱町
（旧仲郷村）

50km

長野市（善光寺付近）
火災が起き、酒屋・油
屋・焔焇（火薬）屋で、
轟音を発し、火塊を飛
ばす。

小布施町
（旧小布施村）

須坂市
（旧豊洲村）

長野ガス田
及び油田

長野市
（旧篠井市小松原？）
地割れから水が出て、
数十丈（約30m）の
小山ができる。

震源
M 7.4

松代群発地震
（1965〜1970）
第1〜4期震源
（参照：図1-2）

長野県

群馬県

長野市
（旧塩崎村）
泥水が噴出し、
硫黄の臭がする。

諏訪湖

立科町
（旧芹田村）

上田市（旧上田町）
井戸内に霧のようなものが出
て、その中で5, 6人死亡。

凡　例

〇〇町
（旧〇〇村）

：土砂噴出箇所と
その地名、
およびその記述

松本市（出川地区）
地割れにより火を発
し燃え続けた（メタ
ンガス）。

千曲川市
（旧稲荷山町、
戸倉村）

坂城市
（旧坂城村）

口絵3　（p23）　図 1-1　善光寺地震　地下ガス噴出に関連する被害概況図

口絵のコメント：
地下ガス噴出の画像が
明確に描かれている。

上記「地震後世俗語之種」
の画像拡大図

口絵4 （p41） 図2-2 「地獄の門」の概要

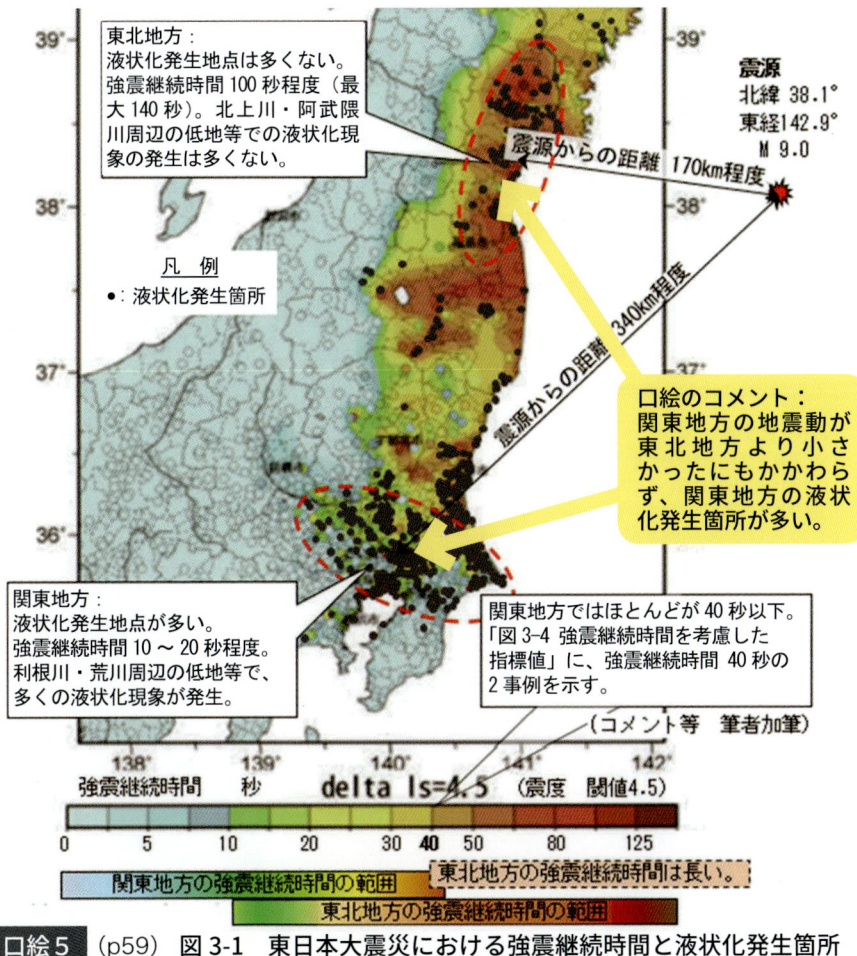

口絵5 （p59） 図3-1 東日本大震災における強震継続時間と液状化発生箇所

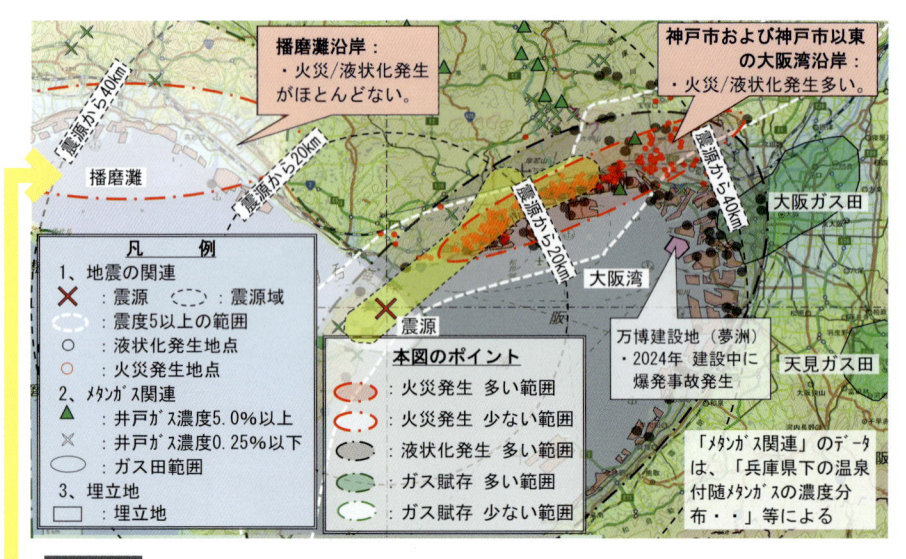

播磨灘沿岸：
・火災/液状化発生
がほとんどない。

神戸市および神戸市以東
の大阪湾沿岸：
・火災/液災化発生多い。

震源から40km

播磨灘

震源から20km

大阪ガス田

震源から20km

震源から40km

大阪湾

震源

凡　例
1、地震の関連
× ：震源　　⸺ ：震源域
◯ ：震度5以上の範囲
◯ ：液状化発生地点
◯ ：火災発生地点
2、メタンガス関連
▲ ：井戸ガス濃度5.0%以上
× ：井戸ガス濃度0.25%以下
◻ ：ガス田範囲
3、埋立地
◻ ：埋立地

本図のポイント
◯ ：火災発生　多い範囲
◯ ：火災発生　少ない範囲
◯ ：液状化発生　多い範囲
◯ ：ガス賦存　多い範囲
◯ ：ガス賦存　少ない範囲

万博建設地（夢洲）
・2024年 建設中に
爆発事故発生

天見ガス田

「メタンガス関連」のデータ
は、「兵庫県下の温泉
付随メタンガスの濃度分
布・・」等による

口絵6 （p74）　図3-9　阪神淡路大震災　火災・液状化発生状況と関連情報

口絵のコメント：
播磨灘沿岸では、液状化危険度が極めて
高いと判定されても、液状化していない。

兵庫県の液状化危険度判定マップ

日本海

淡路島

大阪府の液状化危険度判定マップ

凡例
ＰＬ値
25 ～
20 ～ 25 激しい
15 ～ 20
10 ～ 15 中程度
5 ～ 10 程度は小さい
0 ～ 5 ほとんどなし
なし

≒極めて
高い。

≒高い。

凡例
液状化危険度
液状化危険度は極めて高い(15<PL)
液状化危険度は高い(5<PL≦15)
液状化危険度は低い(0<PL≦5)
液状化危険度はかなり低い(PL=0)

兵庫
県と
の境
界

播磨灘沿岸の埋立地
も大阪湾沿岸の埋立
地と同様、液状化の
危険度が極めて高い。

大阪湾沿岸は液状
化の危険度が高く、
特に埋立地は極め
て高い。

大阪府との境界

大阪湾

播磨灘

兵庫県および大阪府のH.P.
「液状化危険度分布図」より

淡路島

大阪湾

（コメント等、筆者加筆）

口絵7 （p75）　図3-10　兵庫県および大阪府 液状化危険度判定

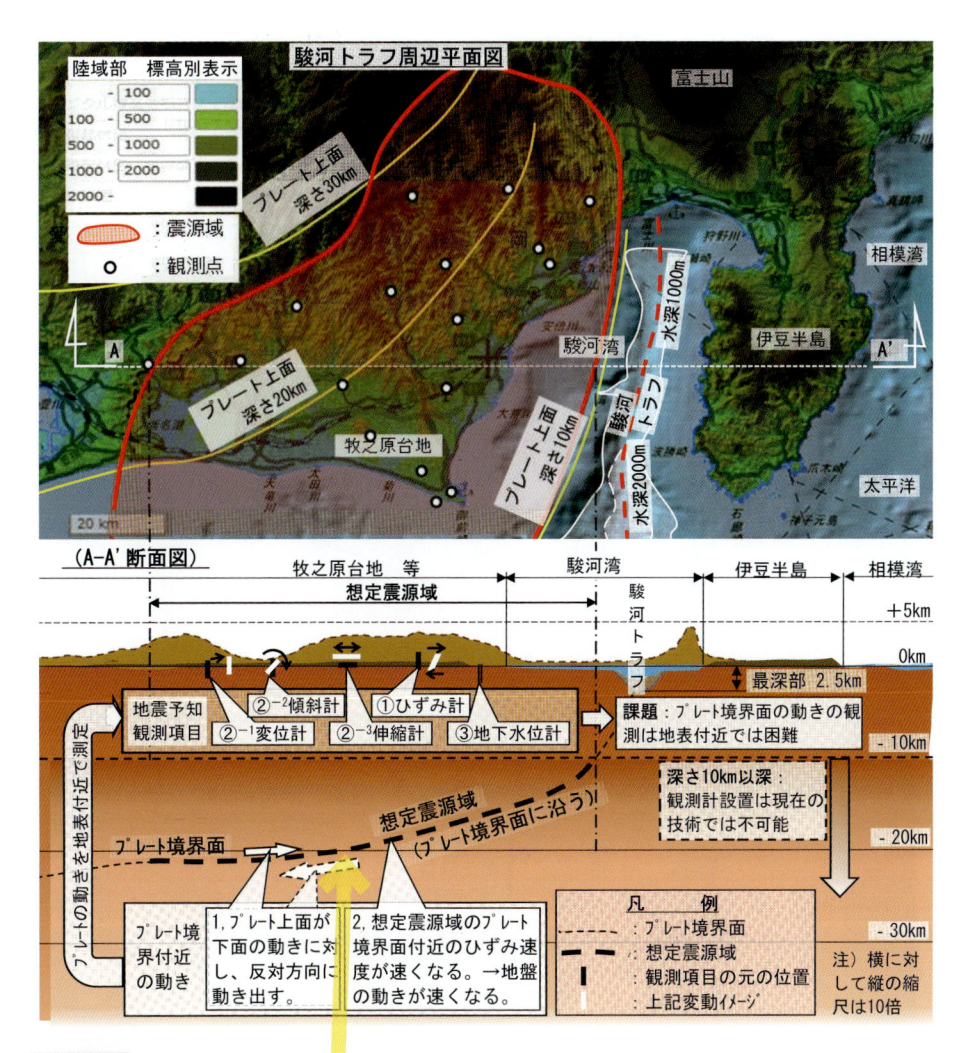

口絵8 （p88） **図 4-4　前兆現象発生と地盤変動観測概要図**（東海地震想定の範囲）

口絵のコメント：
前兆すべり面を 20 ㎞の深さとすると、富士山の高さの
約 5 倍の深さ。その深さでの変動を捉えることは困難。

口絵9 (p117) 図5-6　気仙沼市の津波浸水域と火炎状況図

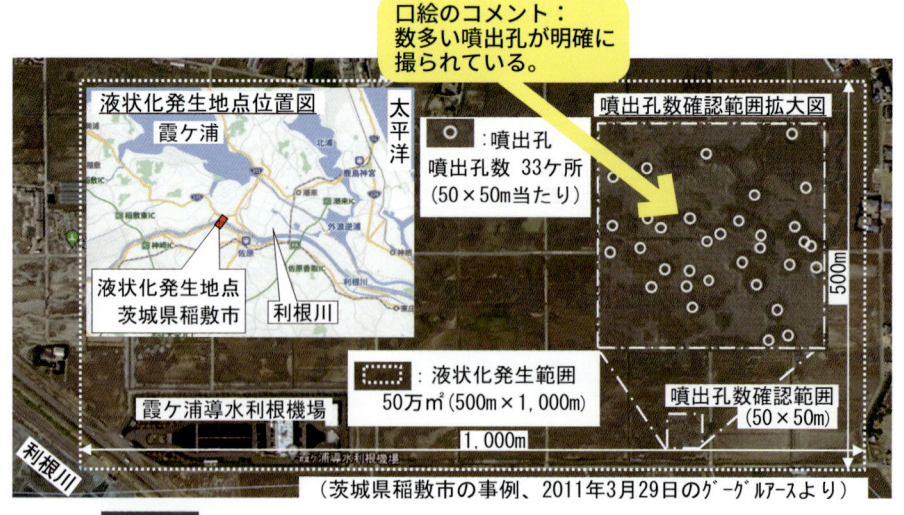

口絵10 (p119) 図5-8　東日本大震災時 液状化発生状況図

◉ 目 次

〈はじめに〉

―地震現象とは―

　地震発生前、前兆現象があっても地震予知との関係性は不明確です。さらに、地震収束後、火災や液状化現象等の二次災害が起き、映像（参照：口絵 9,10）等に明確に撮られていても、地震は揺れと理解されるだけで、火炎等の映像から観える要素は軽視されていて、その関係性は「図 0-1」の通り不明確です。

　また、「**地震**」とは別に、「**地震現象**（参照：「参考 0 - 1」）」と言う用語があり、地震現象は地震学の黎明期から**難解**と言われていて、今日では、地震災害の低減のための**基礎的研究**の対象になっていても、この用語は定義されず、その地震現象とは何か？　明らかでありません。

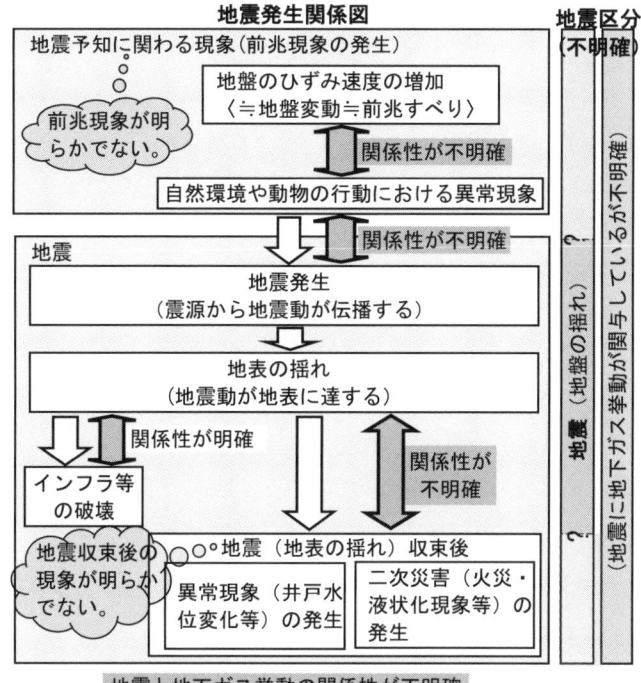

図 0-1　現在における地震とその関連現象の関係概要図　口絵 1

2024 年元日に発生した令和 6 年能登半島地震でも、その関係性が不明確なことは同様で、地震に対する不安感が漂っています。この不安感を払拭すべく、地震現象の定義のポイントを、「地盤の揺れと**地下ガス挙動等によって生じる関連現象**（参照：着眼点 1 ）」とし、この地震現象を科学的視点から解明しました。

> **参考 0 － 1 ：未定義の地震現象**
>
> 用語「地震現象」は、その専門分野で使われています。古くは、大正生まれの物理学者橋本万平が、『地震学事始〈文献 0-1〉』で、世界最初の地震学教授関谷清景の論文「地震学一斑（1883 年）」を要約する中で、「**地震現象は極めて難解であり・・**」と説明しています。また、最近では防災白書で毎年（令和 5 年までの 5 年間）、「地震災害対策」の項の中で「**地震現象の解明（中略）に関する基礎的研究を推進する・・**」とあっても、定義されていません。

本書の目的は、減災への道筋を示し、不安感を払拭することであり、その道筋とは、これまでほとんど無視されてきた「**地下ガス挙動**」に焦点を当て、地震とその前後に発生する現象の関係性、つまり、地震現象を明らかにし、新たな対策を示すことです。

なお、本書では、**地下ガス挙動**を「**地下で発生するガスの地中での動きで、最終的に地表へ噴出するまでの動き**」と定義します（「第 2 章　地下ガス貯留と挙動」に詳述）。

この地下ガス挙動は、地震や火山噴火等の地球物理の分野に関わっていて、火山噴火の観測・解明の対象は、地下ガスと揺れの両方であるのに対し、地震の観測・解明の対象は、「表 0-1」の通り、揺れだけで、地下ガスは対象外です。

表0-1 地震および火山噴火の観測・解明の対象 ※本書の対象は地下ガス挙動

分　野		現　　象		観測・解明の対象	
		主な現象	付随する現象	揺れ	ガス噴出
地球物理	地　震	揺　れ	（※ 地下ガス挙動）	○	？
	火山噴火	火山ガス噴出（地下ガス挙動）	揺れ（火山性地震）	○	○

なぜ、ほとんど私たちが気にも留めない地下ガス挙動を取り上げるのか？　その理由は「地下ガス挙動は私たちの生活に関係ないと考えられていても、現代社会において最も重要な課題である『地震予知』や『二次災害』に関係していることが明らかと考える」からです。その関係性とは、次の通りです。

課題1　地震予知

　地震予知は人類の願望であり、昔から地震の前兆現象は宏観現象（「**地震発生の前に起こるとされる、地鳴り・発光や動物・電磁波・雲などにみられる異常現象〈広辞苑〉**」）と言われ、その検証・研究が行われてきました。しかし、その原因は不明。願望は叶えられず「地震予知は不可能」とさえ言われています。

　地震発生前、「地下ガス挙動」があり、その結果として地表への地下ガス噴出があって、その噴出は多くの宏観現象に関わっています。その解明は地震予知に繋がります（「第4章　地下ガス噴出による地震予知」に詳述）。

　なお、前兆現象と類似の意味として、上記の宏観現象も使われますが、以後、前兆現象を統一した用語とします。

課題2　二次災害

　1923年史上最悪の災害・関東大震災があり、不可解な火災等の二次災害により10万人以上の人命が奪われました。この大地震は現在も語り継がれているものの、100年が経った現在、その真相を解明しようと試みる人はほとんどおらず、地震による地下ガス噴出は理解されないままです。

　地震時に、顕著な「地下ガス挙動」があり、その結果として地表への多量の地下ガス噴出があり、その噴出は二次災害の拡大に関わっています。その解明は二次災害の減災に繋がります（「第3章　地震後の二次災害」に詳述）。

　これまで、ほとんど着目されなかった地下ガス挙動を検証の対象にして、地震予知と二次災害、およびそれらに関連する現象を検証し、本書に記しました。

　筆者は、現役を引退したシビルエンジニアで、今日定義されている「地震」に関して素人ですが、現役時、工事中に多量の地下ガス噴出に遭遇。当時その実態

は不明でした。その後、その噴出を含む地下ガス挙動を検証する過程で、地震に伴う現象に疑問を抱き、現在の既成概念「地震＝地表の揺れ」だけでは、地震の理解は不十分であり、その概念に地震発生前後に生じる「地下ガス挙動」を加える必要があると考えました。

参考０－２：地下ガスとは

　本書で記す地下ガスとは、地下水に溶けて、地盤中に貯留している気体で、天然ガスもその一種です。

　地下ガスは日本の平野では至る所に貯留されており、2022 年 8 月、北海道長万部で起きた「水柱の噴出」も、そのほとんどが水蒸気を含む地下ガスの噴出でした。この噴出は、ガス発泡によって空高く昇る火山の噴煙と同等の現象です（参照：「参考２－６：発泡とその観測〈後出〉」）。この噴出は約 1 ケ月続き、無事に収束しましたが、対応を誤れば、悲惨な事故に繋がった可能性がありました。地下ガスは、多様な地盤条件下で貯留しており、その条件の変化によって噴出します。2024 年 3 月、大阪万博建設中に起きた爆発事故は、地震とは無関係でも、地下ガス噴出が原因で起きたと消防署も認定しています。

　地下ガスは泡として川面等に浮上することがあり、儚いものの例えとなっています。確かに、通常、ほとんど全ての泡は儚く消えますが、地震などの自然現象で地盤が動く時、地下でガスが発生し、その後、地盤中を不規則に挙動しながら浮上し、地表に噴出して、前兆現象や二次災害を起こしています。

着眼点　1：地震と地震現象の定義

・定義の不十分さ

　地震とは古くから「地殻の変動・陥没などが原因で、大地が<u>震動</u>すること（古語辞典〈室町時代〉）」と言われ、大地が震動する原因は分からなくとも、不動の大地が震動する地震は、世の中で最も恐ろしいと考えられてきました。

　近年、科学が進歩し、<u>地表の揺れ</u>（≒震動）の原因が明らかになっても、地震の定義は「地球内部の岩石圏の特定部分に蓄積されたひずみが、ある

限界に達し、破壊が起こり弾性波（地震波）を生ずる現象。および、それによって起る地表の揺れ〈大辞林〉」で、ほとんどの専門書でも同様です。

また、地震の記録として、**地震記象**という用語があり、その定義は「**地震計に記録された地震動の波形記録**〈大辞林〉」です。

つまり、私たちは実際の地表の揺れを実感し、地震動の波形記録から判断される震度を揺れの大きさと理解しています。しかし、地震を揺れと理解するだけでは、地震とその関連現象は解明できず、地震対策も不十分です。

なぜなら、地震＝地表の揺れでは、突然発生する地表の揺れで地震予知は不可能であり、また、揺れが止まった後、地震災害に対する対策は限られてしまいます。つまり、「地震予知を可能にする」および「二次災害を防ぐ」ためには、「地表の揺れ」以外の要素が必要です。

・新たな「地震現象」の定義

筆者は、2017年『地下ガスによる液状化現象と地震火災〈文献 0-2〉』を出版し、液状化現象と地震火災は地下ガス噴出によるとの考えを示しましたが、当時、地震発生前後の他の現象にも影響しているとは考えていませんでした。

さらに、2023年『陥没事故はなぜ起きたのか〈文献 0-3〉』を出版し、外かく環状道路の陥没事故（2020年東京都調布市で発生）の原因は、人工的に注入された気体（ガス）との考えを示し、「（工事に携っている人は）**気泡（ガス）発生が地盤破壊等の原因になると理解していません**」と記しました。

この「**気泡（ガス）発生が地盤破壊等の原因**」の考えを、地震に適用することにより、「気泡（ガス）は液状化現象や地震火災だけでなく、地震発生前後の一連の現象に影響する」との新たな考えに至りました。その考えに基づき、大辞林の「地震」を参考に、「地震現象」を次の通り定義しました。

地震現象：地球内部の岩石圏の特定部分に蓄積されたひずみが、ある限界に達し、破壊が起こり弾性波（地震波）によって起きる**地盤の揺れ**と、その前後で発生する**地下ガス挙動**等。さらに、**地盤の揺れと地下ガス挙動**等によって生じる関連現象。

これまで、「地震」とは地表の揺れで、その時間は数秒から数10秒、長くても数分であったのに対し、地下ガス挙動が関係する地震発生前後の一定期間（数日〜数十日程度）に着目し、この「地震現象」を科学的に検証します。

着眼点　２：地下ガス貯留と挙動

・地下ガス貯留と挙動の理解

多量の天然ガスが国内で消費されていても、輸入に依存していると理解されるだけで、国内でも産出されていることはあまり理解されていません。また、川面等に気泡（ガス）が浮上・噴出しても、その噴出に至る経過は議論されず、その挙動は科学的検証の対象となっていません。

実際は、「第2章」で後述する通り、日本にもガス田があり、かつガス田以外の地域でも地下ガス貯留があり、多様な地下ガス挙動を経て地表に噴出し、そのガス噴出は私たちの生活に大きく関わることがあります。関東平野にある南関東ガス田はその代表例で、その貯留概念図と、地下ガス噴出に至るまでの「地下ガスの状態変化（後出）例」は、「図0-2」に記す通りです。

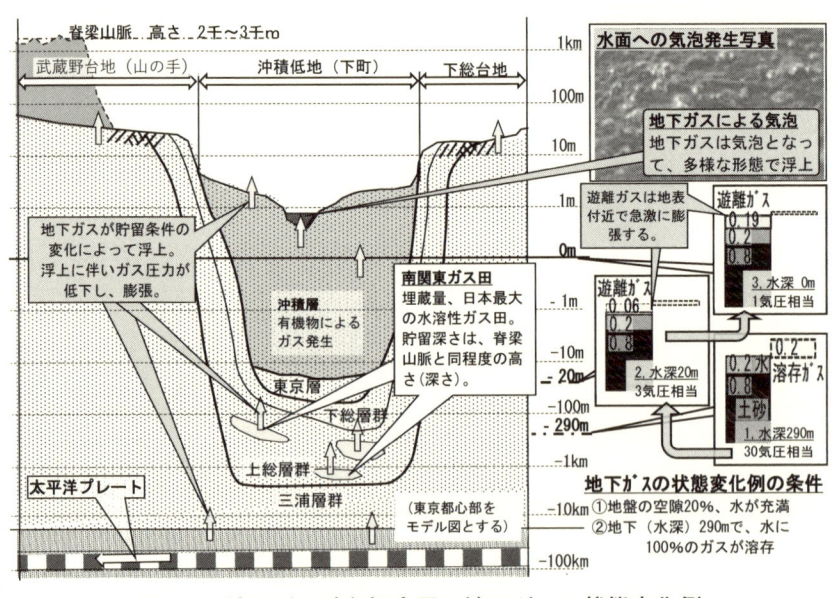

図 0-2　地下ガス貯留概念図と地下ガスの状態変化例

・地震時の地下ガス挙動

　地下水に溶けているガス（溶存ガス）は、地盤の揺れによって、気泡として形の見えるガス（遊離ガス）になり、その後、浮力を受け浮上。浮上によって圧力が低下し、体積膨張・浮力増加。最終的に土砂等を伴って地表に噴出します。特に、直下型地震の震源直上の地下の揺れは大きく、その震源域での地下ガス噴出は顕著です（参照：「口絵3」、「第1章　地下ガス噴出」）。

　このような一連の地下ガス挙動はほとんど見ることはできませんが、地震時、液状化現象の噴水・噴砂の映像が地下ガス挙動の一端として撮られていて、私たちは見ています。本書は、この地下ガス挙動に焦点を当てます。

参考0－3：遊離ガスと溶存ガス

　ガス（気体）は、液体に溶け込む性質があり、溶け込んでいるガスが溶存ガスで、溶け込んでいない（＝遊離している）ガスが遊離ガスです。その溶け込める量は圧力が高いほど多くなり、圧力が低いほど少なくなります。

　一定の圧力下で、地下水に最大のガス量が溶け込んでいる状態が飽和度100%で、その圧力が低くなると、ガスの溶け込める量は少なくなるため、遊離ガスとして地下水中に容易に現れます（参照：「図0-2」）。

　また、溶存ガスは振動等を受けると、遊離ガスとして液体中に現れます。普段、炭酸水をコップに注ぐとき、炭酸ガスが現れるのと類似の現象です。

　なお、本書では、この二つのガスを分けて表現する必要がない場合、総称して地下ガスとします。

着眼点　3：地震予知（前兆現象）と二次災害

・地震予知（「第4章　地下ガス噴出による地震予知」に詳述）

　多種多様の前兆現象があっても、各々の発生原因は明らかでなく、地震予知に活用するには、科学的因果関係を明らかにする必要があります。多くの前兆現象を読み解くと、地下ガス挙動が関係しており、次の通りと考えられ

ます。

地震発生前の微小な地盤変動（前兆すべり〈参照：「図0-3」〉）**により、地下ガスが発生・噴出。その挙動の影響で多種多様な前兆現象が発生する。**

　一例として、動物は多様な環境に棲んでいて、地下の巣穴等の密閉空間では、地下ガス噴出時、そのガスは拡散しにくい（ガス濃度が濃くなる）ため、環境の変化を敏感に感じ、異常行動を起こすことがあります。また、井戸の多様な異常も地下ガス噴出等によっていて、起こるべくして起きています。

・**二次災害**（「第3章　地震後の二次災害」に詳述）

　多様な二次災害があっても、それらの発生原因は明らかでなく、前兆現象同様、科学的因果関係を明らかにしなければなりません。二次災害も、やや形態は異なりますが、地下ガス挙動が関係しており、次の通りと考えられます。

地震発生時に地下が大きく揺れ、地下ガスが発生・浮上。地下から地表への浮上に時間を要し、揺れ収束後、地下ガスが地表に噴出し、その挙動の影響で多様な二次災害が発生する。

　地表の揺れによる建物破壊等の一次災害発生後、火災や液状化現象等の二次災害が起き、被害が拡大します。それら二次災害は、揺れが収束した後、数日間、断続的に限定した範囲で発生し、不可解な現象を伴い原因不明です。端的な例は、地震火災であり、多くが出火原因不明です。

　前兆現象や二次災害を現地の地表付近で調査しても、地下ガスは証拠として残っておらず、また、地下にその証拠はあっても、地下調査は容易でありません。しかし、ガス噴出は地下ガスの最終的な挙動であることを理解し、関連する現象等を調査・検証することにより、その現象が明らかになります。

　関東大震災を経験した物理学者、寺田寅彦は『天災と国防〈文献0-4〉』で「**地震だけを調べるのでは、地震の本体は分かりそうもない**」と記しています。地震による地表の揺れだけでなく、「地下ガス挙動」に着目し、地震現象を解明することで、地震予知・二次災害の軽減を進めることができます。

本論を書き始めるに当たり、その論点を分かりやすくするために、**先発現象**と**後発現象**と言う用語を、新たに定義し、その概要図を「図 0-3」に示します。

　１、**先発現象**：地震発生前に起きる前兆すべり等の地震予知に関わる現象
　２、地震：地盤の揺れ（従来の定義の「地震」）
　３、**後発現象**：地震発生後に起きる地下ガス噴出等で二次災害に関わる現象
　先に定義した「地震現象」は、１〜３を合わせた現象です。

　地震現象を新たに定義することで、「図 0-1」で不明確とされた関係が、「図 0-4」に記す通り、明確になります。ただし、明確にすることはできても、地震予知の確立や二次災害の減災対策等の第一歩を踏み出しただけであり、全てこれからの課題です。
　なお、令和 6 年能登半島地震の検証は既に始まっていますが、その検証には時間を要するため、この地震の一部については取り上げるものの、基本的には本書の対象外とします。一方、この地震の約 3 年前から続いている群発地震等は検証が進んでおり、多くの地震事例の中の一つとして、本書の対象とします。

プレート間地盤変動に伴う地震発生サイクルの経時変化

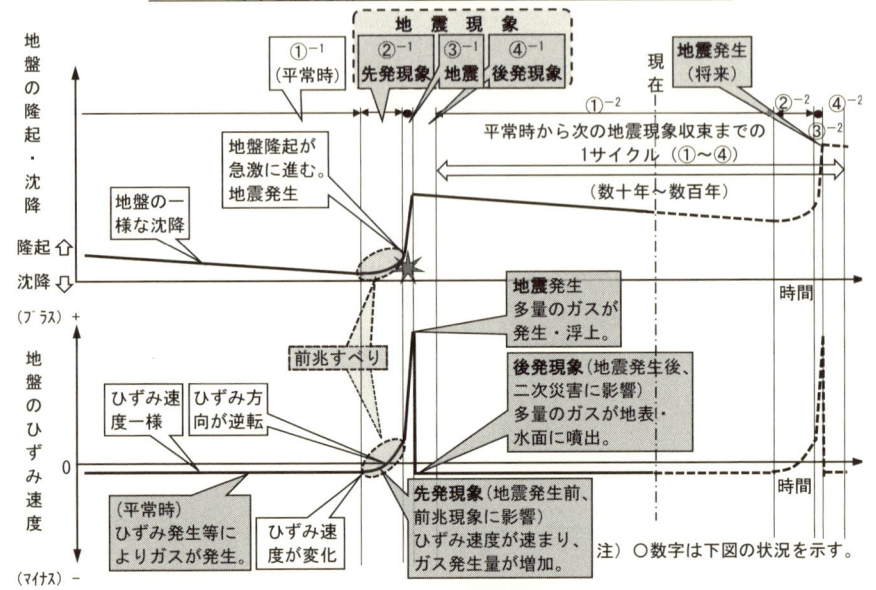

プレート間地盤変動に伴う地震発生サイクルの断面

①平常時
常時、僅かであるが、ガスが発生・噴出。

- ひずみ発生等によりガスが発生。
- プレート境界にひずみが発生。
- プレートの沈み込み

④後発現象
地震動は収束。その後もガスが地表に噴出。

- 多量のガス噴出が二次災害（地震火災等）に影響
- 多量のガスが地表・水面に噴出。
- ガス噴出が収束、①に戻る

②〜④ 地震現象

②先発現象
ひずみ速度が速まり、ガス発生・噴出が増加。

- ガス噴出が前兆現象に影響
- ひずみ方向が逆転。ひずみ速度が速まる。（前兆すべり）
- ひずみ速度が速まり、ガス発生量の増加。

③地震発生
地震動により、多量のガスが発生・浮上。

- 隆起
- 地表の揺れがインフラ等を破壊
- 地盤隆起が急激に進む（海側は沈降）
- 沈降
- 多量のガスが地中に発生。その後浮上。

図 0-3　先発現象・地震・後発現象の関係概要図

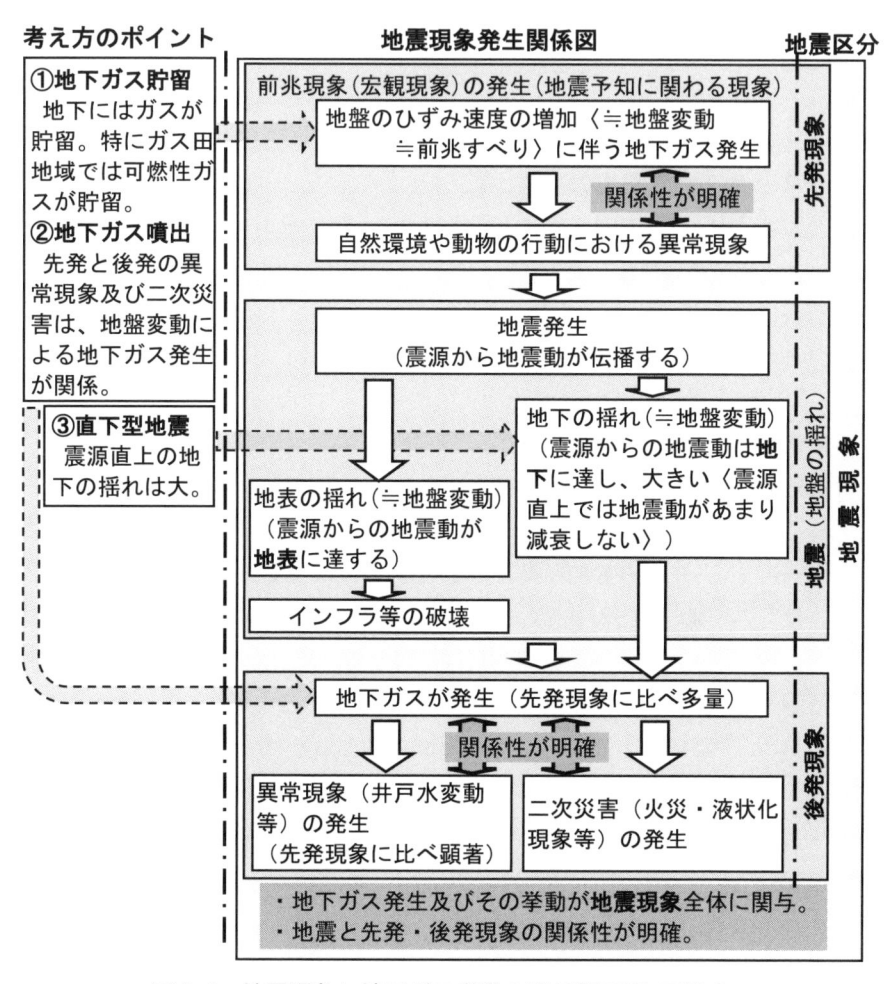

図 0-4　地震現象と地下ガス挙動の関係概要図　口絵 2

▼1－1　地下ガス噴出の実態

　私たちは「地下ガス挙動」をほとんど観ることはできません。観ることができるのは、その挙動の最後、地表に現れる「ガス噴出」です。

　地震時に特徴的な現象としてガス噴出があり、ガス噴出および関連した現象が記録された2つの代表的な直下型地震より、その実例を記します。

1）実例1、善光寺地震と関連地震

・善光寺地震

　善光寺地震は、江戸時代末期1847年、現在の長野市北部を震源とし、マグニチュード7.4。長野市善光寺周辺で建物倒壊や火災が数多くあっただけでなく、山体崩壊等の特徴的被害が多発しました。さらに、震源から半径約100kmの広い地域で、地下ガスが噴出する特異な現象が起きていました。その概要は「図1-1　善光寺地震　地下ガス噴出に関連する被害概況図」に示す通りです。特に、震源付近にはガス田があり、その付近の長野市北部（旧浅川村）で天然ガスの噴出が次の通り記録されていました。

　　・地震発生後、河川敷から石油や**天然ガス**が発生。火を焚いて風呂を沸かした。

　そのガスを燃やす様子は、同図の通り「地震後世俗語之種〈文献1-1〉」に画像として描かれ、当時の人々は地震後の**天然ガス**噴出を不思議に思ったのでしょうが、燃料として生活の中で使い、記録に残しました。また、当時液状化現象は理解できていませんでしたが、「図1-1」の通り、建物倒壊等に関わる土砂噴出も多数発生していました。なお、同図の内容は当時の各藩で記録されたもので『震災予防調査会報告第46（乙）号〈文献1-2〉』および「古記録による歴史的大

地震の調査〈文献 1-3〉」からの抜粋です。

・関連地震

　この地域では、その後の地震でも、類似のガス噴出が発生していました。一つが 1941 年長沼地震（参照：「表 1-1 マグニチュード 7 以上の直下型地震事例等〈後出〉」の No.26）で、もう一つが 1965 年からの松代群発地震（参照：同じく「表 1-1」の No.28）です。

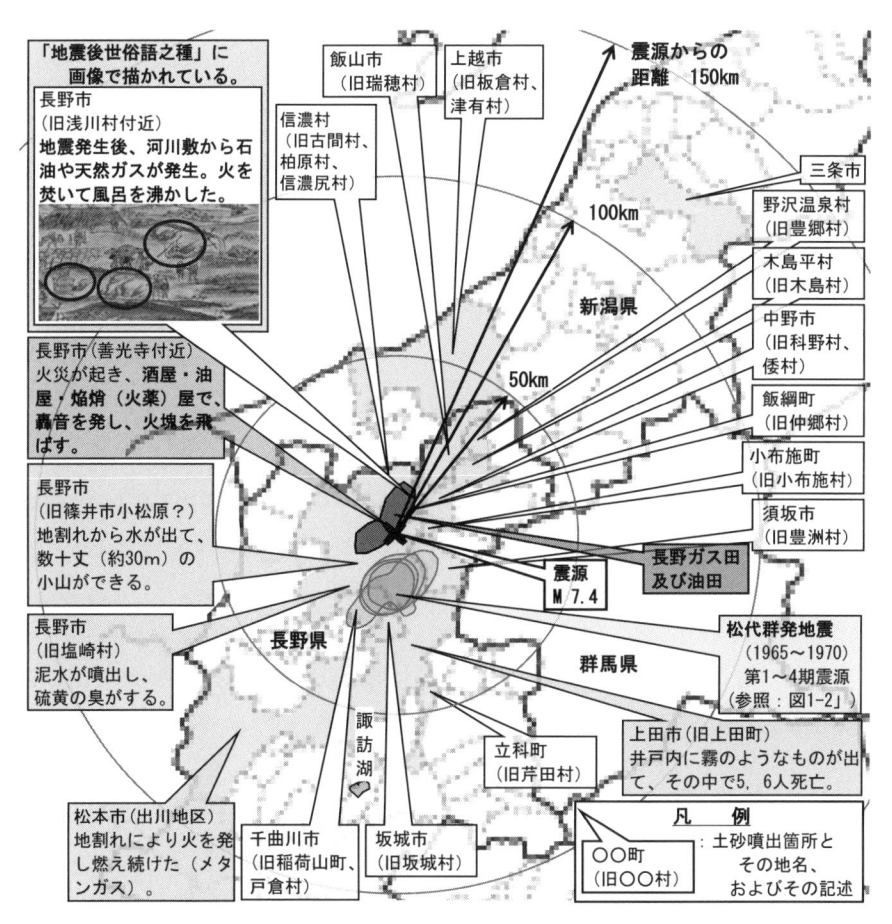

図 1-1　善光寺地震　地下ガス噴出に関連する被害概況図 口絵 3

長沼地震の震源位置は善光寺地震とほぼ同じで、その規模はマグニチュード6.1 と比較的小さかったにもかかわらず、善光寺地震と同じようにガス噴出があり、顕著な液状化現象も起きました。地震規模が小さくても、直下型地震・ガス田等の条件が揃えば、容易にガス噴出があることを示す事例です。

　また、松代群発地震は善光寺地震・長沼地震とは異なり、小規模の地震が多発する形態で、この震源域は、善光寺地震震源の南方約 10km周辺で、約 5 年間継続。その期間中、広い範囲で、湧水だけでなく数多くのガス噴出がありました。

　その概要は「図 1-2 松代群発地震の概要とガス噴出」に示す通りで、松代温泉近くの 1km四方の範囲で、ガス噴出地点が 10 ケ所以上ありました。地震発生当時の報告だけでなく、最近でも同図に記すように「長野市立博物館だより・ふしぎな松代群発地震（2015 年発行〈地震後約 50 年〉）〈文献 1-4〉」で、ガス層の存在（炭酸ガスと紹介）が指摘されていますが、「地下ガス噴出と地震の関係」が関連する各分野で深く議論されず、今日に至っています。

２）実例２、濃尾地震

　濃尾地震は、1891 年、岐阜県根尾谷（現本巣市）を震源とし、マグニチュード 8.0。我が国観測史上最大の記録的な内陸直下型地震であり、甚大な被害が発生しました。

　被害調査は、多くの機関で行われた中、東京帝国大学総長名でも全国的なアンケート調査〈文献 1-5〉が行われ、約 1,400 の市町村等から回答が集められました。質問は 24 項目あり、「井水に異変ありしや・・」、「泉水に異変ありしや・・」等の 2 つの地下水に関する質問だけでなく、「**亀裂より水、泥、砂、<u>蒸気などその他何物をか噴出せしことありや</u>**」があり、その質問に対し、数多くの地下ガス噴出等の回答がありました。

　また、この地震は、その翌年設置された震災予防調査会（明治天皇による設置の公布）によって調査され、『同調査会報告　第 2 号および第 32 号〈文献 1-6,7〉』にまとめられました。

　その概要は「図 1-3 濃尾地震　地下ガス噴出による被害概況図」に記す通りで、震源から遠く離れた地域でも、ガスが噴出、さらに土砂・礫等多種多様な噴出が

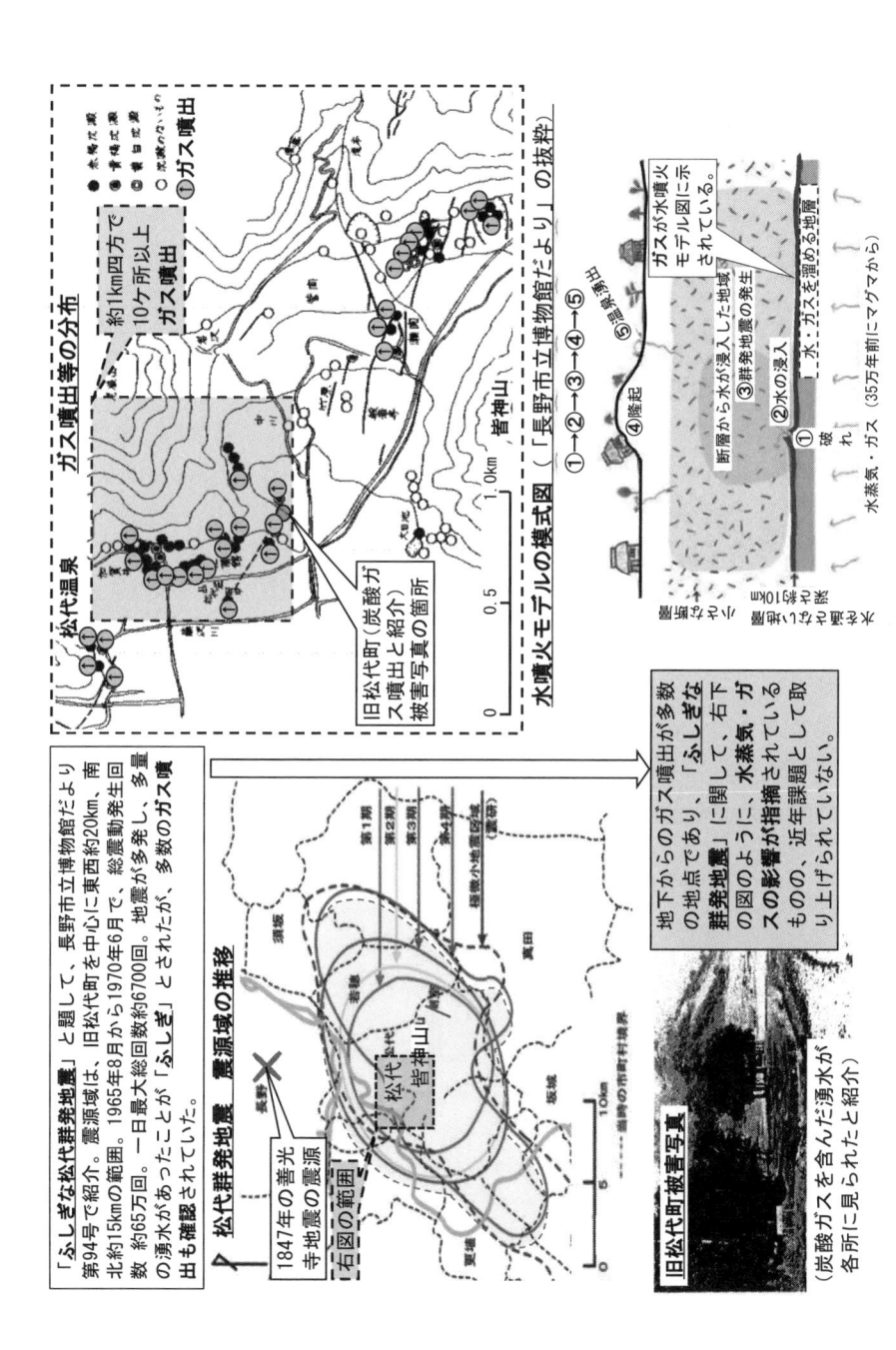

図 1-2　松代群発地震の概要とガス噴出

あり、次の2つはその事例です。

　事例①：**砂噴出、地面に亀裂が多数発生**（石川県内灘町〈旧内灘村〉）
　事例②：**水田で泥土およびガスを噴出**（長野県北部信濃町〈旧柏原村〉）

　事例①は、令和6年能登半島地震でも液状化現象が発生した石川県内灘町での被害で、134年前、砂噴出、地面の亀裂等が多数、図に記録されていました（参照：「図1-3」）。また、事例②は、「**地震後6, 7時間はすこぶる多量にして火をとぼし湯桶を設け為めに入浴するを得たる位なり・・**」とも記録されており、湯を沸かせるようなガス噴出が、震源から約200km離れた長野県北部で、善光寺地震の44年後、再発していました。2つの事例を含め、ガス噴出が関係するような不可解な異常現象がかなり広い範囲で起きても、それらは記録されるだけで、

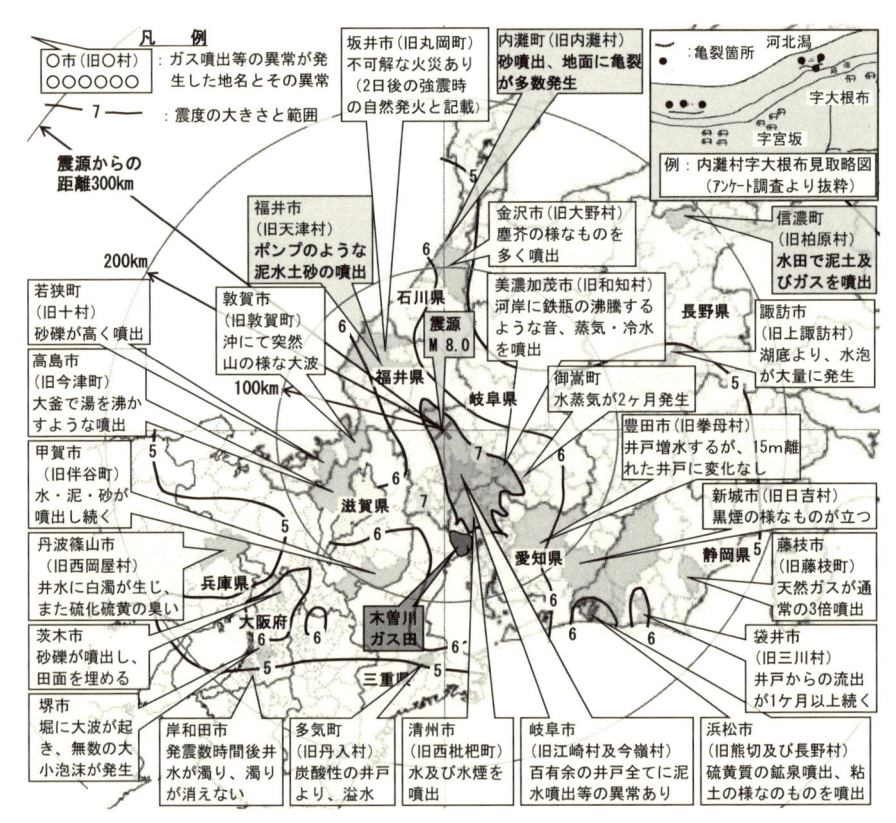

図1-3　濃尾地震 地下ガス噴出による被害概況図

その原因は不明でした。

　当時、地震発生のメカニズム等は科学的に未知であり、同調査会設置を契機に、地震研究が進むようになりましたが、対象は主に「揺れ」でした。その後約130年間、関東大震災・阪神淡路大震災等の多くの大地震を経験し、類似の不可解な現象が起きていますが、それら大地震時、地下ガスを調査対象、或いは研究対象とする考えは生まれず、既成概念「地震＝地表の揺れ」が定着したままです。

▼1－2　直下型地震

　地震には、大別すると直下型地震と海溝型地震の2つのタイプがあり、海溝型地震でも地表へのガス噴出がありますが、上記2事例のように、直下型地震で顕著に発生しています。以下、直下型地震では、地表に比べて地下の揺れが大きく、その大きな揺れが地下に貯留しているガスを発生・噴出させやすくし、その噴出が二次災害を起こしていることを、新たな視点から記します。

1）直下型地震の特徴

　一般的には、「参考1－1：直下型地震とは」に記すように、「直下型地震」という用語は、マスコミで使用されるだけで、地震学上は「定義はない」とされています。

参考1－1：直下型地震とは（気象庁 H. P.〈文献 1-8〉よりの抜粋）

　一般的に「直下型地震」は、都市部などの直下で発生する地震で、大きな被害をもたらすものを指すことが多いようですが、「直下型地震」に地震学上の明確な定義はありません。

　陸域で発生する浅い地震の規模は、海溝付近で発生する巨大地震に比べて小さいことが多いのですが、地震が発生する場所が浅いために<u>直上では揺れが大きくなりやすく</u>、そこに人が住んでいた場合は、マグニチュード6〜7程度でも大きな被害をもたらすことがあります。

　なお、広辞苑では「<u>陸地の地殻内に震源がある地震。人の住む直下で起こることから名づけられた</u>」とあるだけで、揺れの特異性等は記されていません。

私たちは、地表の揺れを感じ、その揺れを研究の対象にしても、地下深くに構造物は少なく、地下深くに暮らすことがないため、地下の揺れを感じることはなく、地下の揺れを研究の対象にすることはほとんどありませんでした。

　しかし、近年、原子力発電所等から発生する高レベル放射性廃棄物を地下深くに埋設するための「地層処分」の計画が進められ、その地層処分の地震に対する安全性を確認するために、地下深くの揺れが研究対象となり観測されています。その観測結果と関連内容は「参考１－２：地下と地表の揺れ」の通りです。

参考１－２：地下と地表の揺れ

・「大地震が起きても、地下の揺れは地表の揺れの半分程度の大きさです」？

　この説明文は、「釜石鉱山の地下深部における地震動特性〈文献 1-9〉」に基づいていて、国立研究開発法人原子力研究開発機構東濃地科学センターのH.P.〈文献 1-10〉に記され、その鉱山での観測の主な条件は次の通りです。

・観測地点：岩手県の釜石鉱山、観測深さ最大標高差　約 600 m

・期間と対象地震：期間は 1990,2 〜 1998,3 で、観測された地震 344 回それらの地震の中で、最大加速度等の条件に合った 27 回で検証

・観測地点から震源までの距離：平均で約 100km、最大は 1,000km 以上

　その結果は、「図 1-4 深さによる地震動の増幅率の関係図およびその説明」の通りで、「<u>地下の揺れは地表の揺れの半分程度</u>」と判断されています。

　しかし、平均震源距離約 100km から分かるように、ほとんどが直下型地震以外のデータであると共に、観測地点から 10 〜 20km の範囲で起きた地震が数例含まれていて、それらの地震では、地下の揺れは半分になっていません。

・直下型地震の場合

　直下型地震に限ると「図 1-5 直下型地震における深度別加速度比較」の通り「**地下の揺れは地表の揺れの 1.5 倍程度**」で、その発生傾向は逆転します。

　この「図 1-5」は、同じく高レベル放射性廃棄物の地層処分の研究の一環「立体アレー観測による地下深部の地震挙動　―細倉鉱山〈宮城県〉における地震観測―〈文献 1-11〉」での直下型地震のデータに基づいています。

Q. 地震が起こると，地下ではどれくらい揺れるのでしょうか？
A. 大地震が起きても、地下の揺れは地表の揺れの半分程度の大きさです。

　規模の大きな地震の時に、地表と地下の揺れの大きさを比べると、地下では半分程度です。

　図は、釜石鉱山の坑道を利用した研究の結果を示しています。縦軸が標高、横軸は地震の揺れの強さを示す最大加速度です。最大加速度を観測するため、地震計は、標高865m の地上と、その地下約600m（標高250m）までの3つの深度に設置しています。一番下の地震計の値を1としたとき、地上の地震計の値はその何倍かになっています。

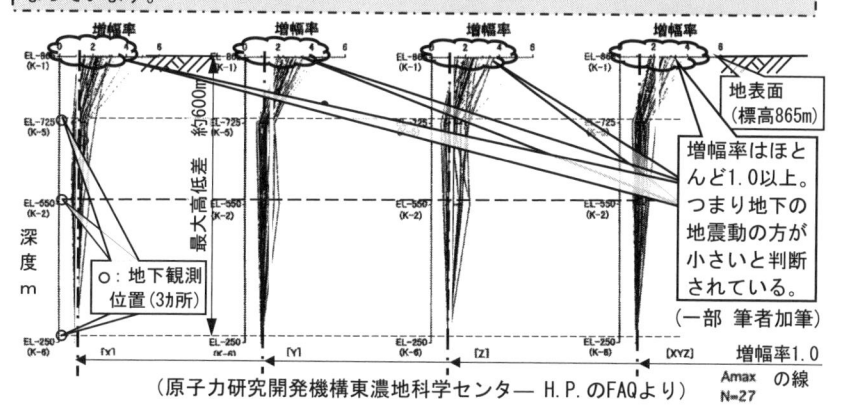

（原子力研究開発機構東濃地科学センター H.P. のFAQより）

図 1-4　深さによる地震動の増幅率の関係図およびその説明

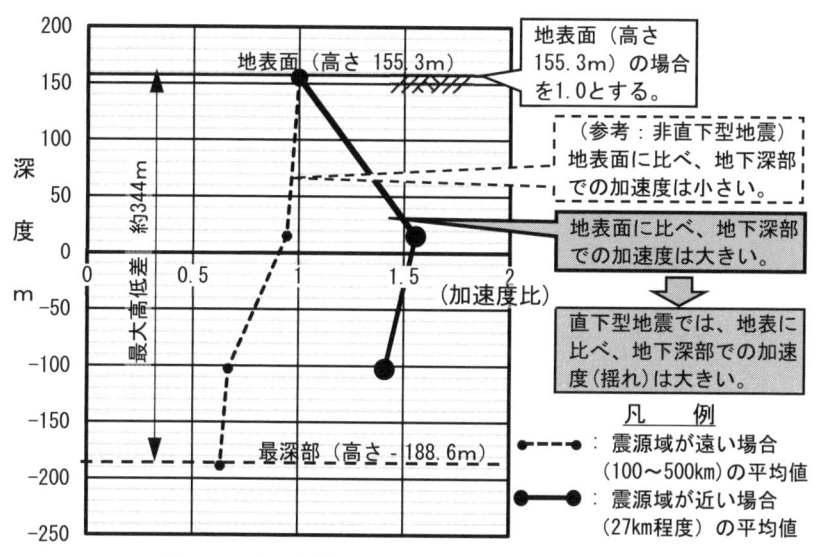

図 1-5　直下型地震における深度別加速度比較

観測地点直下での地震発生は稀なのに対し、直下以外で数多くあります。したがって、発生した揺れのデータを全数で平均すれば、稀にある直下でのデータは、直下以外のデータに埋もれてしまいます。減災のためには、直下型地震の特性を正しく理解し、有効な地震対策を立てなければなりません。

　なお、直下型地震である阪神淡路大震災時、震源域近くで地下と地表で揺れが観測されており、その揺れの比はさらに大きく、**「地下の揺れは地表の揺れの２倍程度」**でした。この観測条件や結果は、「第３章」に後述します。

　上記、<u>地下の揺れは地表の揺れの半分程度</u>とは、直下型地震がほとんど考慮されておらず、地下と地表の揺れの関係は次のように考えなければなりません。

　地震による地表の揺れより、地下の揺れの方が小さくなるケースが多い。ただし、そのケースは、地震が遠方で発生した場合であり、**地震が近くで発生した（＝直下型地震）場合**、逆で、地表の揺れより**地下の揺れは大きい。**

参考１－３：地下と地表の揺れの違いとその理由

　地下と地表の揺れを、直下型と海溝型の２つのタイプの地震が発生した場合で比較すると、「図1-6」の通りで、その２つのタイプの地震発生によって、任意の地点（都市）の地表の揺れが同程度でも、その任意の地点の地下の揺れは違っており、直下型地震時、格段に大きくなります。

　その違いが生じる理由は、震源からの地震波の伝播にあります。具体的には、地震波には、地下に揺れを伝える実態波（S・P波）と地表に揺れを伝える表面波があり、地下に揺れを伝える実態波の距離減衰が大きいのに対し、地表に揺れを伝える表面波の距離減衰が小さいためであり、そのポイントは次の通りです。

　地下に揺れを伝える実態波の距離減衰は大きいため、海溝型地震では、震源から任意の地点（都市）までの距離が長く、地下の揺れは小さくなる（同地点の地表の揺れより小さい）のに対して、直下型地震では、震源から震源付近の任意の地点（都市）までの距離が短く、地下の揺れはあまり小さくなら

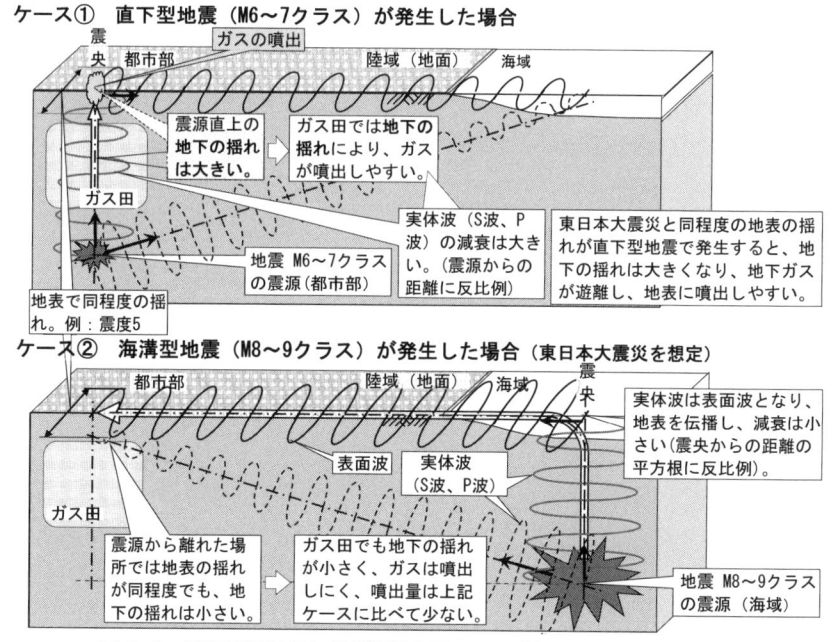

ケース①　直下型地震（M6〜7クラス）が発生した場合

震央　都市部　ガスの噴出　陸域（地面）　海域

震源直上の地下の揺れは大きい。

ガス田では地下の揺れにより、ガスが噴出しやすい。

ガス田

実体波（S波、P波）の減衰は大きい。（震源からの距離に反比例）

地震 M6〜7クラスの震源（都市部）

東日本大震災と同程度の地表の揺れが直下型地震で発生すると、地下の揺れは大きくなり、地下ガスが遊離し、地表に噴出しやすい。

地表で同程度の揺れ。例：震度5

ケース②　海溝型地震（M8〜9クラス）が発生した場合（東日本大震災を想定）

都市部　陸域（地面）　海域　震央

実体波は表面波となり、地表を伝播し、減衰は小さい（震央からの距離の平方根に反比例）。

表面波　実体波（S波、P波）

ガス田

震源から離れた場所では地表の揺れが同程度でも、地下の揺れは小さい。

ガス田でも地下の揺れが小さく、ガスは噴出しにくく、噴出量は上記ケースに比べて少ない。

地震 M8〜9クラスの震源（海域）

図1-6　直下型地震と海溝型地震による地下での揺れの違い

ない（同地点の地表の揺れより大きい）。

　例えば、将来、関東地方で直下型地震が発生し、東日本大震災時と同程度の揺れ（震度5）であっても、地下の揺れは東日本大震災時より大きくなるため、地表の構造物等への被害（一次災害）は同程度でも、地下ガス噴出が多くなり、液状化等の二次災害は大きくなると容易に想定できます。

　さらに、最近の「首都直下地震等による東京の被害想定報告書」によると、想定される地震の一つに「都心南部直下地震（M7.3）」があり、その地震により江東区・江戸川区等の下町には震度7が予測される地域があります。その場合、その地域の地下の揺れは、地表の揺れ（震度7）よりさらに大きく（測定事例等によると1.5倍程度）なるため、多量の地下ガス噴出による液状化等の二次災害が、東日本大震災時と比べて格段に大きくなります。さらに、その地下ガス噴出は、揺れ収束後も断続的に起きるため、その噴出への対応を誤れば、二次災害が連鎖する等、災害の甚大化は避けられません。

直下型地震では、地下の大きな揺れによって、地下ガスが噴出しやすくなることを理解した上で、その対策を立てる必要があり、本書では、直下型地震を正しく理解するために、新たに以下の通り定義します。このような定義は、地震学上だけでなく、防災学上も重要です。

　　直下型地震：震源付近では、地表の揺れ以上に**地下の揺れが大きく**、その揺れにより、**揺れ収束後も地下ガスが地表に噴出し、二次災害が発生する**。特に、地下ガス貯留地域では、噴出量が多く、二次災害が甚大化する。

2）直下型地震事例とその特徴

　日本では、ほぼ毎年のように私たちの生活を脅かすような地震が発生しています。数多い地震の中で、マグニチュード 7 以上の大きな地震は、明治元年から令和 5 年までの約 160 年間で、「理科年表〈文献 1-12〉」によると 70 事例あります。その内、直下型地震は第 1 章で挙げた濃尾地震を含め 24 事例あり、「図1-7　マグニチュード 7 以上の直下型地震事例（明治以降）等」および「表1-1同名」の通りです。ただし、同図、同表には、これら 24 事例以外に、第 1 章で挙げた善光寺地震を含め関連する 5 事例も記しています。

　同表には、直下型地震の被害の特徴とガス田の影響を分かりやすくするために、「液状化・火災等の被害」とその「規模判定」、および「ガス田等との関係」とその「影響判定」を記していて、そのポイントは次の通りです。

　　液状化・火災等の被害の規模判定が「特に大」の地震は、3 事例。3 事例とも、ガス田等との関係の影響判定が同じく「特に大」。
　　逆に、ガス田でない地域（ガス田等との関係の影響判定が「中」または「小」）で発生した地震では、液状化・火災等の被害は大きくありませんでした（液状化・火災等の被害の規模判定が「中」または「小」）。

　つまり、ガス田地域で発生する直下型地震では、揺れによる被害だけでなく、地下ガス噴出により大規模な液状化現象が生じ、かつ、大火が発生しています。

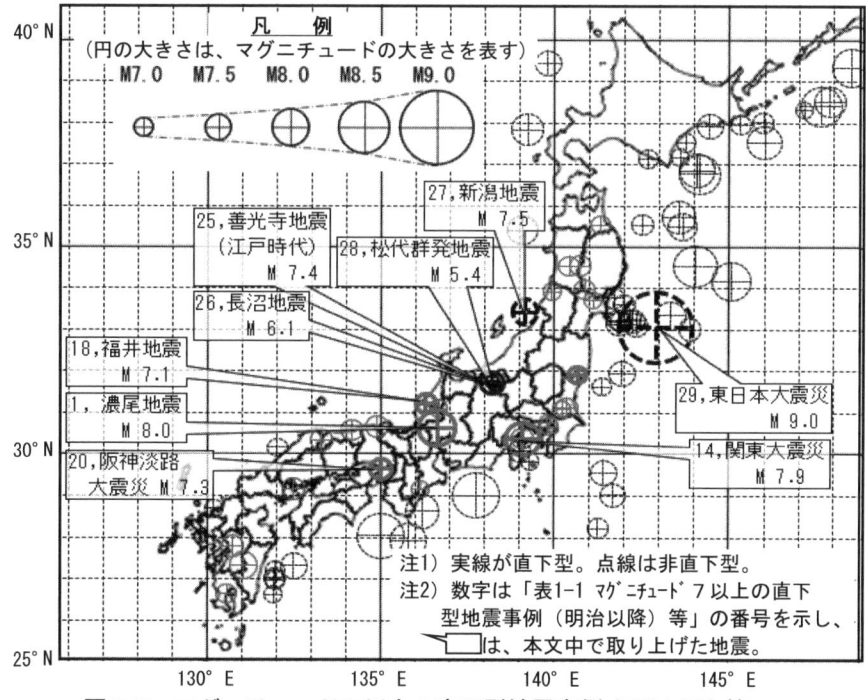

図 1-7　マグニチュード7以上の直下型地震事例 (明治以降) 等

　被害判定が「特に大」は、既に記した**善光寺地震** (No.25) と**濃尾地震** (No.1) の2事例、および**関東大震災** (No.14)、計3事例です。関東大震災では、本震直後に都心付近を震源とする大きな余震があり、その余震がその震源付近の地下ガス噴出に関わっていた可能性があり、次にその状況等を新たな視点から記します。

　なお、代表的直下型地震の一つ阪神淡路大震災の規模判定および影響判定は、共に「大」で、他の事例にない豊富な記録があり、その実態は主に第3章以降に詳述します。

3) 関東大震災 (No.14) の余震の影響
・地震の実態と特徴

　100年前、本震は神奈川県小田原市付近を震源とし、マグニチュード7.9。死者10万人以上。歴史上、最も悲惨な災害でした。

表 1-1　マグニチュード 7 以上の直下型地震事例（明治以降）等

特徴：地震がガス田（「日本油田・ガス田分布図」による）等の地域で発生すると、大規模な液状化・大火が発生する。

ただし、No. 4、13の2事例は例外。両事例とも、茨城県南部で発生し、詳細は不明。

No	地　域	地震名称	M（マグニチュード）	発生年	液状化・火災等の被害　「　」は、『日本被害地震総覧〈文献1-13〉』より（『理科年表』記載内容）	規模判定	ガス田等との関係　1976年発行旧地質調査所発行の日本油田・ガス田分布図による	影響判定
1	岐阜県西部	濃尾地震	8.0	1891	火災・液状化等甚大な被害（参照：図1-3）	特に大	震源付近に木曽川ガス田	特に大
2	東京都東部	東京地震	7.0	1894	「水田のき裂多く泥を噴出」	大	震源付近に南関東ガス田	大
3	山形県北西部	庄内地震	7.0	1894	「高さ1丈（3m）の小丘ができた」酒田市で大火	大	震源付近に酒田ガス田	大
4	茨城県南部	―	7.2	1895	日本被害地震総覧総覧に液状化の記載なし	小	震源付近に南関東ガス田	大
5	秋田県東部	陸羽地震	7.2	1896	震災予防調査会報告に、土砂噴出の記録あり	大	震源付近に秋田油田・ガス田	大
6	三重県南部	―	7.0	1899	日本被害地震総覧総覧に液状化の記載なし	小	―	小
7	宮城県北部	―	7.0	1900	同上	小	―	小
8	青森県東部	―	7.0	1902	同上	小	―	小
9	安芸灘	芸予地震	7.3	1905	同上	小	―	小
10	宮崎県西部	―	7.6	1909	同上	小	―	小
11	鹿児島県中部	桜島地震	7.1	1914	同上	小	―	小
12	秋田県南部	仙北地震	7.1	1914	震災予防調査会報告に土砂噴出の記録あり	大	震源付近に秋田油田・ガス田	大
13	茨城県南部	龍ケ崎地震	7.0	1921	日本被害地震総覧総覧に液状化の記載なし	小	震源付近に南関東ガス田	大
14	神奈川県西部	関東大震災	7.9	1923	火災・液状化等甚大な被害発生	特に大	震源付近に南関東ガス田	特に大
	（東京湾北部）	（余震）	7.2	1923	本震3分後、東京湾北部の余震（参照：図1-8）注）余震は理科年表に記載無し。		余震震源の北方、東京の下町は南関東ガス田	
15	神奈川県西部	丹沢地震	7.3	1924	日本被害地震総覧総覧に液状化の記載なし	小		小
16	京都府北部	―	7.3	1927	（震源より離れた大阪で）「泥水の噴出」	中	大阪には大阪ガス田等あり	中
17	鳥取県東部	鳥取地震	7.2	1943	日本被害地震総覧総覧に液状化の記載なし	中	―	中
18	福井県嶺北地方	福井地震	7.1	1948	火災・液状化等甚大な被害発生（参照：表4-3）	大	震源から離れて河北ガス田	大
19	石川県加賀地方	北美濃地震	7.0	1961	日本被害地震総覧総覧に液状化の記載なし	小	―	小
20	淡路島付近	阪神淡路大震災	7.3	1995	火災・液状化等で大きな被害発生（参照：第三章）	大	震源から離れて大阪ガス田	大
21	鳥取県西部	鳥取県西部地震	7.3	2000	「液状化による地盤陥没・噴砂現象」あり	中	（震源付近にガス徴候地あり）	中
22	岩手県内陸南部	岩手宮城内陸地震	7.2	2008	日本被害地震総覧総覧に液状化の記載なし	小	―	小
23	福島県浜通り	―	7.0	2011	（総覧に液状化の記載なし）井戸に変化あり	中	震源付近に炭田（ガス田）	中
24	熊本県熊本地方	熊本地震	7.3	2016	火災・液状化で被害発生	中	（震源付近にガス徴候地あり）	中

注）ガス徴候地とは、ガス田に比べて天然ガス貯留量が貧弱な状態の地域。そのガス貯留量は企業化できるほど多くないが、確実に存在。

その他の主な地震事例

No	地　域	地震名称	M	発生年	液状化・火災等の被害	規模判定	ガス田等との関係	影響判定
25	信濃北部	善光寺地震	7.4	1847	火災・液状化等甚大な被害（参照：図1-1）	特に大	震源付近に長野油田・ガス田	特に大
26	信濃北部	（長沼地震）	6.1	1941	千曲川沿いで液状化（マグニチュードは小）	中	震源付近に長野油田・ガス田	大
27	新潟県沖	新潟地震	7.5	1964	液状化発生の新潟市より震源まで約50km	大	震源付近に新潟油田・ガス田	大
28	長野県北部	松代群発地震	5.4	1965	大量の地下水・ガスを噴出（参照：図1-2）	中	震源付近に長野油田・ガス田	大
29	三陸沖	東日本大震災	9.0	2011	火災・液状化等で大きな被害発生（参照：第三章）	大	震源に近い一部沿岸にガス田	大

4   特に、東京の被服廠跡地（現墨田区、面積約6.6万㎡）1ケ所で、約4万人が火災で亡くなり、その火災を含め、多くの出火原因は不明。当時、出火原因は諸説あり、火災旋風等を含め検証されましたが、未だ明らかになっていません。

   濃尾地震と比較すると、関東大震災（M7.9）の震源は、東京の南西約70kmに対し、濃尾地震（M8.0）の震源は、名古屋市の北西約55km（岐阜県根尾谷、参照：「図1-3」）。関東大震災時の東京の方が、濃尾地震時の名古屋より震源から遠く、かつ、その地震規模（マグニチュード）が小さかったにもかかわらず、被害が大きく、特に死者数が格段に多かったことも大きな特徴です。

   なぜか？　関東大震災の本震後、大きな余震があったと考えられており、その余震から検証すると以下の通りです。この検証の信ぴょう性を判断することは、筆者自身容易でないと考えますが、将来の大地震発生時、地下ガス噴出がどのような条件で多量に発生するか、一つの判断材料になると考え、あえてこの余震に焦点を当てます。

参考1－4：旧本所区石原町の死者数の異常性

   関東大震災での死者数の概要は「表1-2 関東大震災　各府県および主な区市町村別の死者数と対人口比率」の通りで、この死者数の90%以上が火災による焼死であり、大震災と呼ぶより、大火災と呼ぶ方が適当と考えられています。そして、旧本所・深川区等の下町の火災が烈しく、その地域で多くの方が亡くなりました。特に、被服廠跡地北東側に隣接した「石原町」では、ほとんどの住人が亡くなっており（住民の87.5%程度）、他の地区・地域に

表1-2　関東大震災　各府県および主な区市町村別の死者数と対人口比率

行政区分	人口(A)	死者数(B)	比率(B/A)	備　考
東京府	3,166,494	70,397	2.2%	
東京区部以外	1,087,400	1,727	0.0%	
東京区部	2,079,094	68,670	3.3%	
本所区	248,452	54,498	21.9%	本所区石原町は被服廠跡地の隣地。死者数の対人口比率は、他地域等に比べて異常に高い。
（石原町）	約8,000	約7,000	87.5%	
深川区	173,600	4,139	2.4%	
神奈川県	959,490	30,612	3.2%	
横浜市	403,586	26,623	6.6%	
小田原市	22,477	280	1.2%	本震源位置
5県計　注1)	970,560	2,160	0.2%	東京・神奈川に比べ、5県の死者数は多くない。
1府6県の計	5,096,544	103,169	2.0%	

注1）上記5県は千葉/茨城/埼玉/山梨/静岡。人口は全県でなく死者のあった市町村の人口のみ。
注2）本所区石原町は「横網町公園内にある遭難者碑」により、他は「関東地震による被害要因別死者数の推定」〈文献1-14〉による。

比べても、その比率の高さは極めて異常でした。

　この局所的異常発生は単なる地震災害でなく、特別な原因が重なったためと考えられますが、その原因と考えられる地下ガスは現在も見落とされています。見落とされたままで、対策が立てられずに、同規模程度の地震が起これば、今後も地下ガスによる悲惨な災害が、被服廠跡地のような大きな広場、例えば、大地震時に使用される広域避難場所等で、起きる可能性があります。

・地震（余震）の特徴と大火災

　東京の揺れは大きく、本震の途中で地震計が振り切れたため、余震の記録はなく、当時、「参考１－５：寺田寅彦の『震災日誌』より」に記されていたように、余震の揺れが大きかったとする体験談から、大きな余震があったと考えられても、地震の全容は分かっていませんでした。しかし、近年、岐阜測候所で観測された当時のデータが発見され、揺れの全容が明らかとなり、大きな余震があったことが科学的に裏付けられました。その記録は『関東大震災　東京圏の揺れを

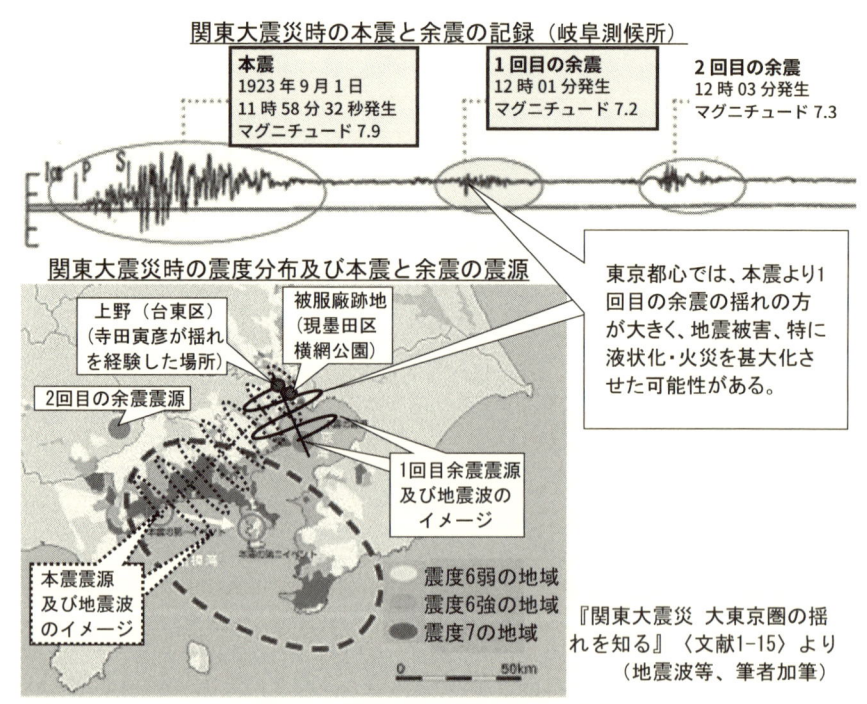

図1-8　関東大震災時の本震と余震

知る〈文献1-15〉』に記され、「図1-8」の「関東大震災の本震と余震の記録（岐阜測候所）」の通りです。そして、大きな余震は都心部の地下の揺れを大きくし、次のように大火災になったと考えられます。

　本震の約3分後、1回目の余震はマグニチュード7.2。その震源は、東京湾北部（江東区の南方20km程度、参照：「図1-8」）。つまり、東京都心では、同図に示すように、震源が約70km離れた本震（M7.9）による地表の揺れより、その約3分後にほぼ直下（約20kmの離れ）で起きた余震（M7.2）による地表の揺れの方が大きかった。余震による都心の地下の揺れは、さらに大きかったため、地下ガス噴出があり、特に下町で多量に噴出。大火災となった。

参考1-5：寺田寅彦の『震災日誌〈文献1-16〉』より

　地震発生時、上野付近の喫茶店にいて、地震時の状況を次の通り記しています（カッコ内は筆者の補足説明）。

　「(本震の揺れは) 恐ろしいという感じはすぐになくなってしまった」と記した後、「**主要動（一回目の余震）が始まってびっくりしてから数秒後に一時振動が衰え、この分では大した事もないと思う頃にもう一度急激な、最初（本震の揺れ）にも増して烈しい波（余震の揺れ）が来て、二度目にびっくりさせられたが、それからは次第に減衰して長周期の波ばかりになった**」

　つまり、東京都心部では、本震時よりも余震時の揺れの方が大きかった。

・ガス貯留の実態

　東京は、日本最大の水溶性ガス田である南関東ガス田の一角に位置しており、「図2-4 可燃性ガスの噴出のおそれがある地域〈後出〉」の通りです。ただし、関東大震災当時、千葉にガス田があることは知られていても、東京では知られておらず、東京にはガス採取前の手つかずのガスが地下に貯留していました。

　東京でのガス田開発は、昭和20年代からで、江東区・江戸川区等の下町で進められていましたが、40年代に中止され、現在ガスは採取されていません。中止理由は、ガス採取には大量の地下水のくみ上げが必要で、その地下水くみ上げ

は地盤沈下を生じさせることが分かり、地盤沈下抑制のためでした。つまり、ガス採取は中止されているだけで、現在も貯留されていて、最近でも時々天然ガスの噴出によって爆発事故が起きており、関東大震災当時に遡れば、この貯留されているガスが地震の揺れにより噴出し、火災等に影響していたと考えられます。

　私たちは、地震災害とは、地震の揺れによる建物崩壊等であると理解し、地下ガス噴出による火災発生は、正しく理解できていませんでした。さらに、本震の震源が離れていて建物崩壊等が軽微でも、大きな余震がガス田地域で発生すれば、地下ガス噴出による火災発生があることが理解されていません。

　現在、関係機関が多様な地震を想定し、その被害を予測していても、その予測される被害に地下ガス噴出は考慮されておらず、想定地震の発生でもその予測以上の被害——例えば、火災の連鎖（後出）——が発生する可能性が高いのです。

　地下ガス噴出は、直下型地震の特徴であり、ガス田地域で直下型地震が発生すると、その噴出による災害が顕著になります。地震の被害規模は単に揺れの大きさによっている訳でないことを、過去の歴史も示しており、再考は不可欠です。

参考1－6：液状化現象の誤解

　液状化現象は、クジラが海面付近で潮を吹く様子と同じように描写され、噴水のように理解されています。例えば、「図1-9 液状化現象等、自然界での噴出とその発生図」の通りで、図中の液状化現象の描写は、地震調査研究推進本部のH.P.「地震がわかる！〈文献1-17〉」からの引用で、噴水のようです。この描写は一般的に広く定着し、液状化現象が同じように表現されることが多くありますが、科学的には不適切です。実際は、クジラの吹き出しは、潮（海水）でなく、呼気（気体）であるように、液状化時の地表への噴き出しは、同図に示す通り大別すると、

　①気体のみ　②気体／地下水　③気体／地下水／土砂、

　の3つがあり、どのタイプも気体噴出量が多く、気体により発生しています。

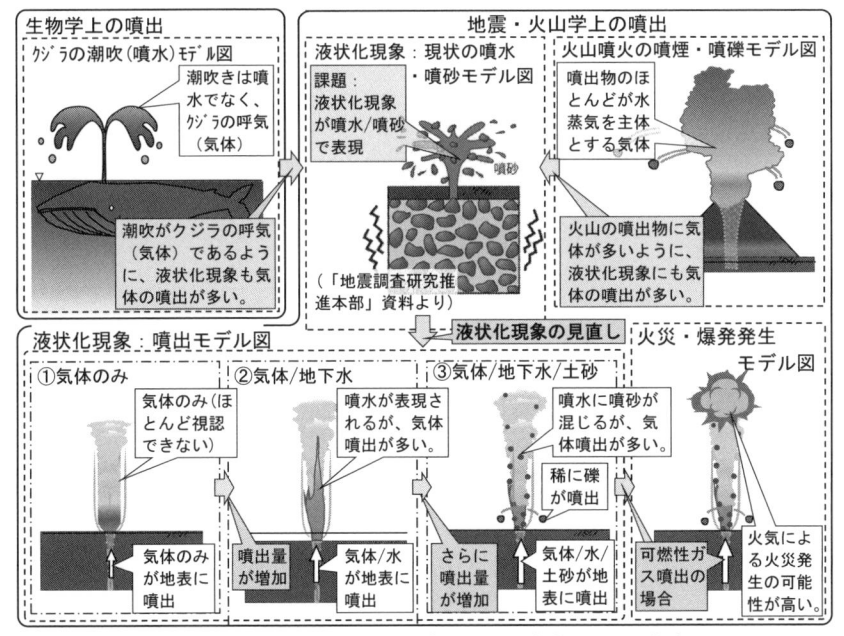

図 1-9　液状化現象等、自然界での噴出とその発生図

　さらに、噴出する気体（ガス）に可燃性ガスが含まれ、その噴出箇所に火気があると、火災・爆発が生じます。

　また、地震と同じ地球物理の分野に火山噴火があり、火山噴火は、黒煙や火山弾が強調され、同図のように描写されますが、その噴出の大半は気体です。この気体発生は、気体を溶存するマグマが地表に浮上する過程での圧力低下による発泡であり、地震時の液状化現象も、気体を溶存する地下水が地表に浮上する過程での圧力低下による発泡です。

第2章

地下ガス貯留と挙動

▼2-1　地下ガス貯留

　私たちの普段の暮らしは地上で、地下と関わりがないため、地下のガス貯留はほとんど理解されず、地表へのガス噴出はないと思われている方が多いのでしょう。前章の「地下ガス噴出」に続き、地震だけでなく火災等に深く関係する「天然（＝可燃性）ガス貯留」を記します。

1）天然ガス資源としての貯留

　天然ガスは世界各国で産出され、我が国も産出国の一つですが、産出量は多くありません。産出量は、概ね地下の天然ガス埋蔵量（埋蔵とは天然資源が地中に埋まっていることを意味しますが、本書では埋蔵≒貯留とします）によっており、世界各国の埋蔵量は「図2-1 世界各国の天然ガス単位面積当たりの埋蔵量〈文献2-1より〉」の通りで、世界の平均埋蔵量1.6㎥/㎡に対して、日本の埋蔵量は0.06

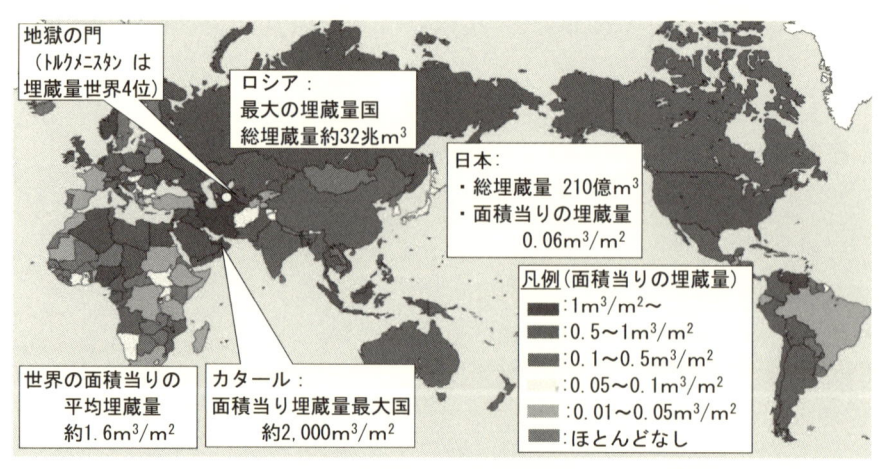

図 2-1　世界各国の天然ガス単位面積当たりの埋蔵量

㎥/㎥であり、世界の主要産出国に比べれば貯留量も多くありません。

　国内では、新潟県・千葉県等にガス田が広く分布し、その貯留量は地域によって偏っています。例えば、千葉県等の首都圏に広がる南関東ガス田の貯留量は、85㎥/㎥（推定値）との報告もあり、日本のガス貯留量を単純に少ないと理解し、天然ガス噴出の危険性は低いと判断することは適当でありません。

参考２－１：地下ガス貯留と噴出の実例（参照：「図 2-3」〈後出〉）

　2022 年の北海道長万部町の「水柱」が地下ガス噴出であったように、地下ガス噴出は日本国内にも沢山あります。2023 年 6 月、同じく北海道蘭越町で起きた地熱発電の資源量調査時の噴出も、「蒸気噴出」として報道されていますが、蒸気も地下ガスの一種であり、地下ガス噴出そのものです。

　世界に目を向ければ、大規模な地下ガス噴出は沢山あり、その代表例が中央アジアのトルクメニスタンの「地獄の門（参照：「図 2-1」）」です。その概要は「図 2-2」に示す通りで、天然ガス田上の地盤崩落によってできた孔から天然ガスが噴出し、1971 年から半世紀以上グーグルアースでも確認できる火炎となって燃え続けています。日本を含む世界中の地下ガスの貯留条件は違っていても、その条件が変わることにより噴出する可能性があります。

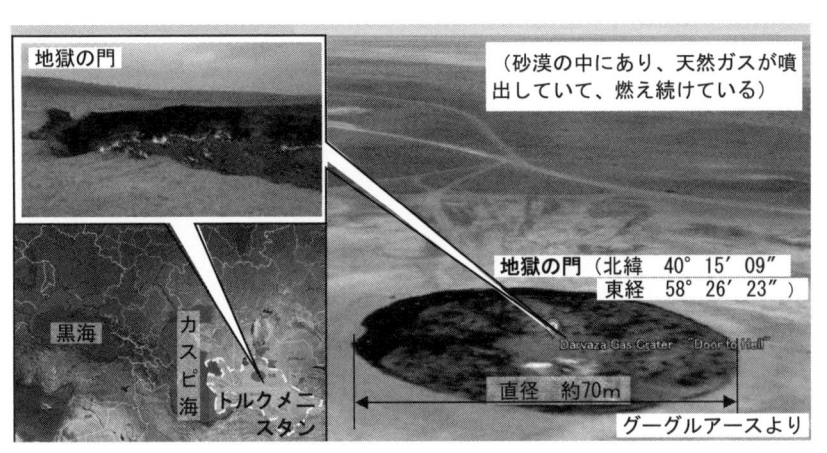

地獄の門

（砂漠の中にあり、天然ガスが噴出していて、燃え続けている）

黒海

カスピ海

トルクメニスタン

地獄の門（北緯　40°15′09″
　　　　　東経　58°26′23″）

Darvaza Gas Crater "Door to Hell"

直径　約70m

グーグルアースより

図 2-2　「地獄の門」の概要　口絵 4

2）ガス噴出のおそれがある地域

　天然（可燃性）ガスは温泉水に付随していることも多く、その噴出により、温泉施設で時々爆発事故が起きています。我が国は温泉大国であり、温泉数（湧出量 100 リットル / 分以上）は、約 900 ケ所あるとされ「図 2-3 日本温泉分布図〈文献 2-2 より〉」に示すように全国各地に広く分布しており、小規模な温泉を含めれば、さらに多く全ての都道府県にあります。

　2006 年東京都渋谷区の温泉施設で起きた爆発事故（3 名死亡）の原因も天然ガスの噴出であり、事故後、ガス噴出事故防止を目的に温泉法が改正されました。その改正のポイントの一つが、<u>可燃性ガスの噴出のおそれがある地域</u>では、温泉

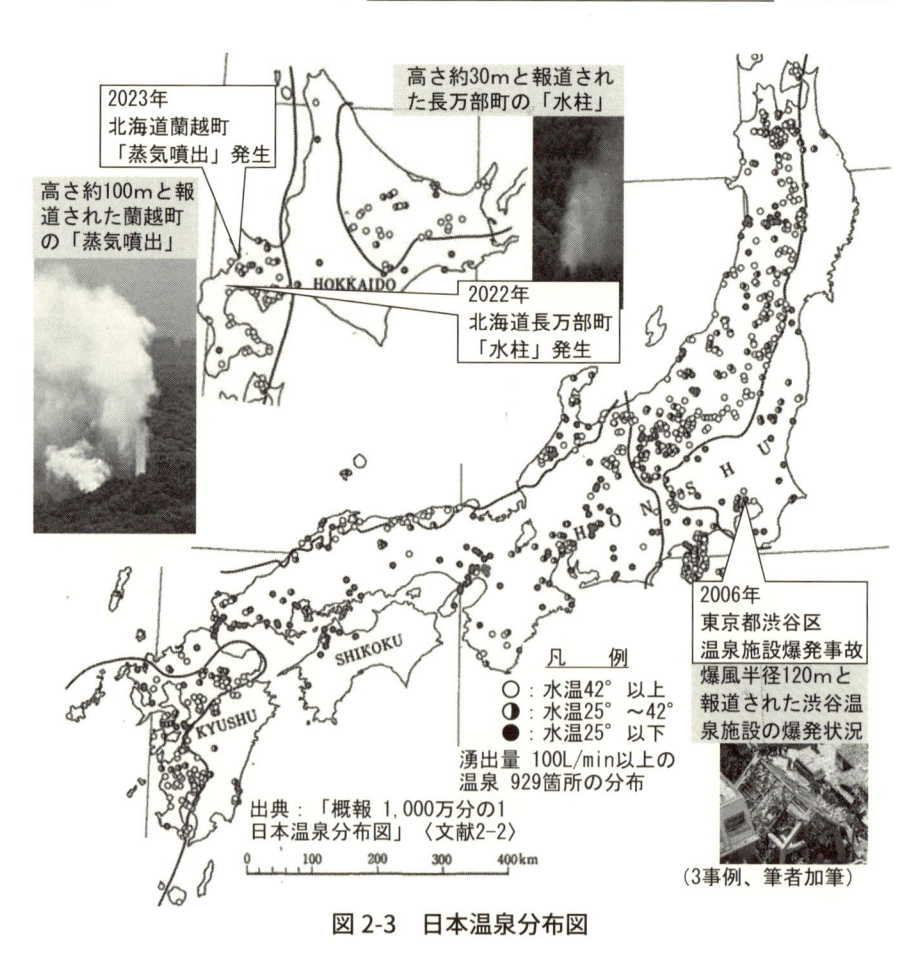

図 2-3　日本温泉分布図

掘削の管理基準等が厳しくなったことです。その所管の環境省は「日本油田・ガス田分布図（産総研地質調査所編）」において、油田・ガス田等の４つに分類された地域を、<u>可燃性ガスの噴出のおそれがある地域</u>としました。

　その地域は「図2-4」の通りで、全国に分布し、特に東日本に多く分布しています。また、油田・ガス田等の地域だけでなく、炭田地域も同じく<u>可燃性ガスの噴出のおそれがある地域</u>であり、「日本炭田図（同調査所編）」に示されているそれら地域も、「図2-4」に追記してあり、主に北海道・九州・常磐地域に分布しています。

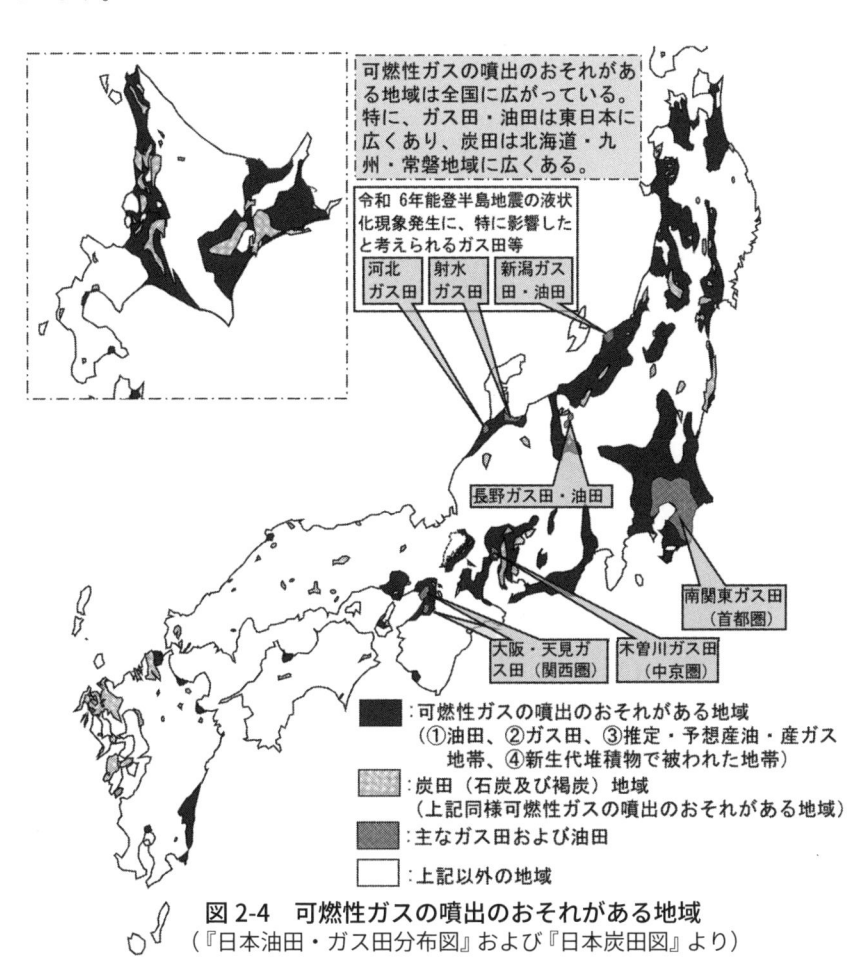

可燃性ガスの噴出のおそれがある地域は全国に広がっている。特に、ガス田・油田は東日本に広くあり、炭田は北海道・九州・常磐地域に広くある。

令和6年能登半島地震の液状化現象発生に、特に影響したと考えられるガス田等

| 河北ガス田 | 射水ガス田 | 新潟ガス田・油田 |

長野ガス田・油田

南関東ガス田（首都圏）

大阪・天見ガス田（関西圏）

木曽川ガス田（中京圏）

■：可燃性ガスの噴出のおそれがある地域
　　（①油田、②ガス田、③推定・予想産油・産ガス
　　　地帯、④新生代堆積物で被われた地帯）
▨：炭田（石炭及び褐炭）地域
　　（上記同様可燃性ガスの噴出のおそれがある地域）
▨：主なガス田および油田
□：上記以外の地域

図2-4　可燃性ガスの噴出のおそれがある地域
（『日本油田・ガス田分布図』および『日本炭田図』より）

同図からも分かるように、可燃性ガスの噴出のおそれがある地域は、ほとんどの都道府県にあります。特に、中京圏・首都圏・関西圏は、ガス田を含む「可燃性ガスの噴出のおそれがある地域」であり、各々濃尾地震・関東大震災・阪神淡路大震災発生時、地下ガス噴出によって甚大な二次災害が発生したと考えられます。現在、それら大都市圏の過密化は格段に進んでおり、地下ガス噴出による二次災害対策が実施されなければ、さらなる被害の甚大化は避けられません。

　また、令和6年能登半島地震時、震源域から離れた地域——例えば、新潟市・富山県氷見市・石川県内灘町等——で顕著な液状化現象が発生しましたが、これら地域は、同図に記す通り、ガス田に位置しています。

　このような地域での二次災害対策の見直しは不可欠ですが、「天然ガス貯留」と共に、以下に記す「地下ガス挙動」の理解も必要です。

▼2−2　地下ガス挙動
1）自然界への気体の影響

　自然界で発生する多様な自然現象は、大気・水および大地に関連する分野に分けられ、気象・水象および地象の3つに分類されます。気体がその3つの自然現象に及ぼす影響の概要は次の通りです。

①気象

　気象とは太陽光等による大気の温度変化によって、大気が多様に変化する現象で、基本的に気体（≒大気）そのものの挙動によって起きる現象です。

②水象

　水象とは太陽光等による海水の温度変化によって、主に海水が多様に変化する現象で、基本的には液体（≒海水）そのものの挙動によって起きる現象です。

③地象

　地象とは固体（≒大地）が外力によって多様に変化する現象です。気象および水象が、各々気体および液体の挙動によって起きるように、地象は固体の挙動によって起きると考えられています。近年地球物理の分野で提唱されたプレートテクトニクス理論は、固体（≒プレート）の挙動に基づいており、地震や火山噴火はその挙動によって発生する地象の代表例です。ただし、大地は固体だけで構成されているわけでなく、液体（地下水）・気体（地下ガス）も含まれて

おり、後述するように、地象には固体だけでなく液体・気体の挙動が深く関わっています。

参考２－２：プレートテクトニクスと地象

　プレートテクトニクスとは「**大陸や大洋底の相互の位置の変動を、厚さ約100 kmの剛体の板（プレート）の水平運動によって理解する学問。大地形・地震活動・火山噴火・造山運動などの諸現象を統一的に解釈できる。1960年代後半以来発展〈広辞苑〉**」と言われているように、地震や火山噴火は、このプレートテクトニクス理論によるプレートの運動によっていて、私たちの生活に大きな影響を及ぼしています。

　特に、日本列島付近では複数のプレートがぶつかり合っており、「図 2-5 プレートテクトニクス概要図」に示すように、そのプレート間に地震が発生すると説明されています。

　火山噴火も、陸のプレートが引きずりこまれ、地下に熱が蓄えられること

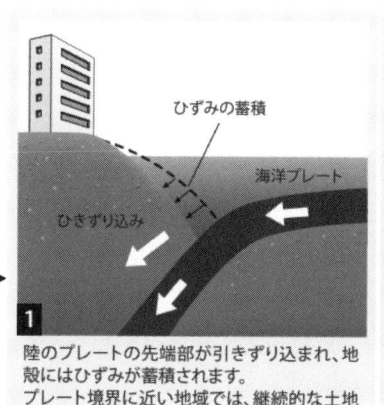

ひずみの蓄積

津波の発生

海洋プレート

海洋プレート

ひきずり込み

はね上がり

1 陸のプレートの先端部が引きずり込まれ、地殻にはひずみが蓄積されます。
プレート境界に近い地域では、継続的な土地の沈降が観測されます。

2 プレート間の断層面が、蓄積されたひずみに耐え切れなくなると、断層運動が起こり、プレート間地震が発生します。
このときの断層運動により、プレート境界に近い地域では隆起が、より内陸側では沈降が観測されます。
地震発生後のしばらくの期間、余効的な地殻変動が続きます。

1→**2** の順序で地震が繰り返し発生します。
東海沖や四国沖では、100年程度の間隔で巨大地震が繰り返し発生しています。

（地震調査研究推進本部のH. P. の資料より）

図 2-5　プレートテクトニクス概要図

により発生しており、地震と火山噴火の源はプレート運動です。つまり、2つの現象はプレート運動という親のもとで生まれた兄弟のような関係であると言われています。そして、2つの現象には、共に「地下ガス挙動」が関係していますが、地震の解明には活用されておらず、観測も不十分です。2つの現象における、この「地下ガス挙動」の共通性に関しては後述します。

2）液体・気体の地象への影響

　最近、地震発生には水が関わっていると言われていて、『地震発生と水〈文献2-3〉』に「（岩石の脱水によって生じた）**水により岩石にかかる圧力が下がったような効果が生じ、岩石の破壊とその結果として地震が起きる**」と記されています。

　確かに、水は**岩石にかかる圧力**を下げる効果がありますが、その効果は水より気体の方がはるかに大きく、具体的には、気体の圧縮性によっていて、以下に記すように地震が起きていると考えられます。

　気体は、圧縮性が大きく、地下水中を浮上すると圧力が低下し、膨張します。しかし、不透水（≒不透気）層によって、浮上が途中で止められ、かつ、その浮上が連続していると、その不透水層の下に多量に滞留し、十分な膨張ができなくなるため、浮上しても圧力は十分に低下しません。つまり、その不透水層下の気体圧は保持されます。この気体の滞留によって保持された圧力は、その深さでの水を含む流体圧を大きくし、結果として**岩石にかかる圧力**を低下させ、地震を起こしやすくします。

　このように圧力変化により体積変化（低下時に膨張、増加時に収縮）する性質を圧縮性と言い、気体は圧縮性が高く、圧縮性流体であり、逆に、液体は圧縮性が低く、非圧縮性流体（圧力変化による体積変化がほとんどない）です。なお、この気体の圧縮性は後述するボイルの法則によっています。

　この効果は、地層が岩石でなく土砂であっても同じで、気体の滞留によって保持された圧力は、土砂にかかる圧力を低下させ、その圧力がゼロになると、土砂は液体状になります。このような気体の圧縮性が、液状化現象を起こしています。

参考2−3：気体圧増加と地盤のすべりやすさ

　気体は目に見えないため、気体圧増加により地盤がすべりやすくなるとの概念は、理解しにくいですが、簡単な試験により確認できます。「図2-6 プレートのすべり 簡易試験の事例」は、そのすべりの再現です。

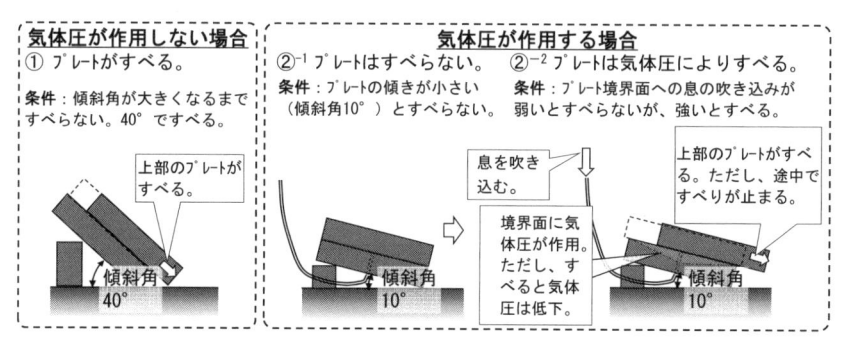

図 2-6　プレートのすべり　簡易試験の事例

　二枚のプレートを合わせ、傾斜させて設置し、徐々にその傾斜角を大きくします。二枚の面の摩擦抵抗が限界に達すると、上部のプレートはすべり出ます（同図①の場合、傾斜角 40°）。それに対して、小さい傾斜角で設置しても上部のプレートはすべり出ませんが、その二枚の間に、同図に記すように息を強く吹き込むと、その間に気体圧が作用し、容易にすべり出ます（同図②の通り、傾斜角 10°）。地盤内の気体圧が大きくなると、プレート間にかかる圧力（≒摩擦抵抗）が小さくなって、すべり出ると理解できます。

　このすべり面に水が含まれていて、そこに、息を吹き込んでも、類似の挙動を示します。ただし、この場合の圧力測定項目が水圧であると、地盤のすべり発生時、水圧上昇が測定されるため、そのすべりは「水の挙動」によると理解されてしまいますが、実際は「水の挙動」でなく「気体（ガス）挙動」がこのすべりを起こしやすくしているのです。

　第1章で記した長野県の松代群発地震の発生原因は、ガス（≒ガス挙動）説が提唱されましたが、その根拠が明確でなかったため、重視されず、当時その考えは定着しませんでした。また、第5章で詳述しますが、2年以上継続した能登群発地震を経て、2023年5月、マグニチュード6.5の地震が発生し、石川県珠洲

市で最大震度6強の揺れがあり、その原因には「水などの流体」が関与しているとの見解が示されても、ガス説はありません。

　なぜ、このような見解になるのか？　「地下ガス貯留」や「ガス挙動」は、他の科学分野で理解されても、地震は揺れと理解され、その揺れが発生している極めて短い時間に焦点が当てられるだけで、地震発生前後にある「地下ガス噴出」が理解されていないことにあると考えられます。次に、ガス挙動（噴出を含む）を記した後、地下ガスの地震現象への関与を記します。

3）ガス（気体）挙動

　地下ガス挙動は、次の2つの気体の法則が深く関与しています。2つとも学生の時、理科（化学）の授業で習う内容です。気体は見えず、それら法則は理解しにくいですが、私たちは暮らしの中で確認することができます。

①ボイルの法則：一定温度における気体の圧力は体積に反比例する〈広辞苑〉。

　一般的には、シャルルの法則（一定圧力で、一定量の気体の体積は絶対温度に比例する）と合わせて、ボイル・シャルルの法則と言われています。例えば、気体が地下水中を浮上する時、その圧力が小さくなるため、ボイルの法則に従い気体体積は膨張します。地下1,000 m（水深1,000 mで、100気圧相当）にある気体で説明すると、その深さでの気体の合計圧力は、大気圧分の1気圧を加え、101気圧。地表に浮上すると、大気圧のみの1気圧（水圧0気圧）となり、気体体積はボイルの法則に従い101倍になります。

　ただし、気体は地下水のある地盤内を浮上しても、地盤の間隙は小さいため十分に膨張できず、気体浮上位置での気体の圧力は理論上より大きくなります。実際、ガス田地域には通常より大きい水圧が測定される地層がありますが、その大きい水圧は、深部から浮上してきた気体の圧力がその周辺より大きくなることによっているのであり、水の挙動でなく、気体の挙動によっていると考えられます。

・暮らしの中のボイルの法則

　空のペットボトルに栓をして高い所（数100 m）に移動するとペットボトルは膨らみ、逆に、低い所（数100 m）に移動すると凹みます。この変化は、気圧の変化によっていて、空気量が一定であるペットボトルの中の空気は、ボイルの法則による圧縮性に従い、気圧低下時に体積が増え（膨らむ）、気圧上昇時に体積

が減り（凹む）ます。なお、ペットボトル内が非圧縮性流体である水で満たされていれば、気圧の変化があっても、このような変化は生じません。

②ヘンリーの法則：一定の温度で一定の液体に溶解（溶解：溶けていること）する気体の質量は、その気体の圧力に比例するという法則〈広辞苑〉。

　例えば、地下水が地表に浮上する時、圧力が小さくなり、この法則に従い、地下水中に溶ける気体量が少なくなって、気体が気泡となって現れます。

　気体が液体に溶ける性質のことを溶解性と言い、また、一定量の液体に溶ける気体の限界の濃度を溶解度と言います。そして、限界の濃度が溶けている状態を飽和といい、気体が地下水中に飽和していると、圧力が僅かに小さくなっただけでも、気泡となって現れます。

・暮らしの中のヘンリーの法則

　炭酸水の入ったペットボトルの栓を開けた時、発生する気泡は二酸化炭素であり、圧力の大きいペットボトル内の炭酸水には、この二酸化炭素が多く溶けています。ペットボトルの栓を開け、その中の圧力が小さくなると、ヘンリーの法則による溶解性に従い、その溶ける量が少なくなるため、気体（溶存ガス）が気泡（遊離ガス）となって現れます。

　特に、炭酸水の入ったペットボトルを振動等で膨らませてから、その栓を開けると、炭酸水が発泡を伴って急激に噴出します。この噴出は、地震動によって液体に溶ける気体量が変化する溶解性に従っていて、地下水中の溶存ガスが発泡を伴って噴出する現象、つまり、液状化現象におけるガス噴出と同等です。私たちは液状化時のガス噴出と似たような現象を、地上で身近に見ているのです。

　このような発泡は、化学的な「**気体の状態変化**」ですが、この状態変化が地盤の破壊現象等に影響していることが見落とされていて、本書ではこの「気体の状態変化（＝発泡）」を以下の通り定義します。

　気体の状態変化（＝発泡）：液体中に溶解しているガスが**ヘンリーの法則**により、遊離ガスになり、さらに**ボイルの法則**により、体積膨張をすること。

参考2－4：気象と地象の予測（予知）

　私たちは、気象を自分自身で或いは映像等で観て、時々刻々変化する気体

の挙動によって生じる現象であると理解しています。一方、地象を観ることはほとんどできません。地下を掘って或いはボーリングで削孔し、地盤を調査・測定することはできても、それは地盤の一瞬の状態であり地象ではありません。気象で言えば、大気の一瞬の成分濃度等を調査・測定しているだけであり、地盤の調査・測定では、地象は観れず、理解できないのです。

　唯一普段から見ることのできる地象に、地下と地上の境界である地表（＝地象の上面）への湧水があり、また、見ることはできませんが、地表へのガス噴出も地象です。それらの量はわずかな場合が多く、単なる水・気体の流れの一部であり、地象（固体）にほとんど影響していません。しかし、それらの流出量が多くなり、それら流出に土砂（固体）が含まれると、地盤を破壊し、見ることのできる顕著な地象となります。その例が地震時の液状化現象や火山噴火で、これまでの液状化現象に関する理解は、正確性に欠けていました。これら地象を災害予測の視点から記すと、次の通りです。これに関連する内容は、本章以降に記していきます。

　　気象予測の精度は、気体の挙動観測等により最近向上しているのに対し、地震予測（予知）が不可能と言われている理由は、もう一つの地象である火山噴火予測の観測項目に、気体の挙動である「火山ガスの成分や量の変化（≒地下ガス挙動）」等があっても、地震予測の観測項目に、地下ガス挙動がないからです。地震発生後だけでなく地震発生前にも地下ガス噴出があり、地震予測には地下ガス挙動の観測・解明が欠かせません。

参考２−５：砂脈の深部調査　—砂脈は地下ガス挙動の痕跡—

（参照：「図 2-7 巨大噴出孔発生概要図」）

　地下ガス挙動を直接見ることはできず、また、その挙動の最後にガスは地表に噴出しても、痕跡を残さず拡散してしまうため、その理解は容易でありません。しかし、前章の最後に「**地震時の液状化現象も、（中略）圧力低下による発泡です**」と記したように、液状化現象の痕跡である砂脈は、発泡（≒気体の状態変化）によって発生しており、この砂脈を調査することにより、

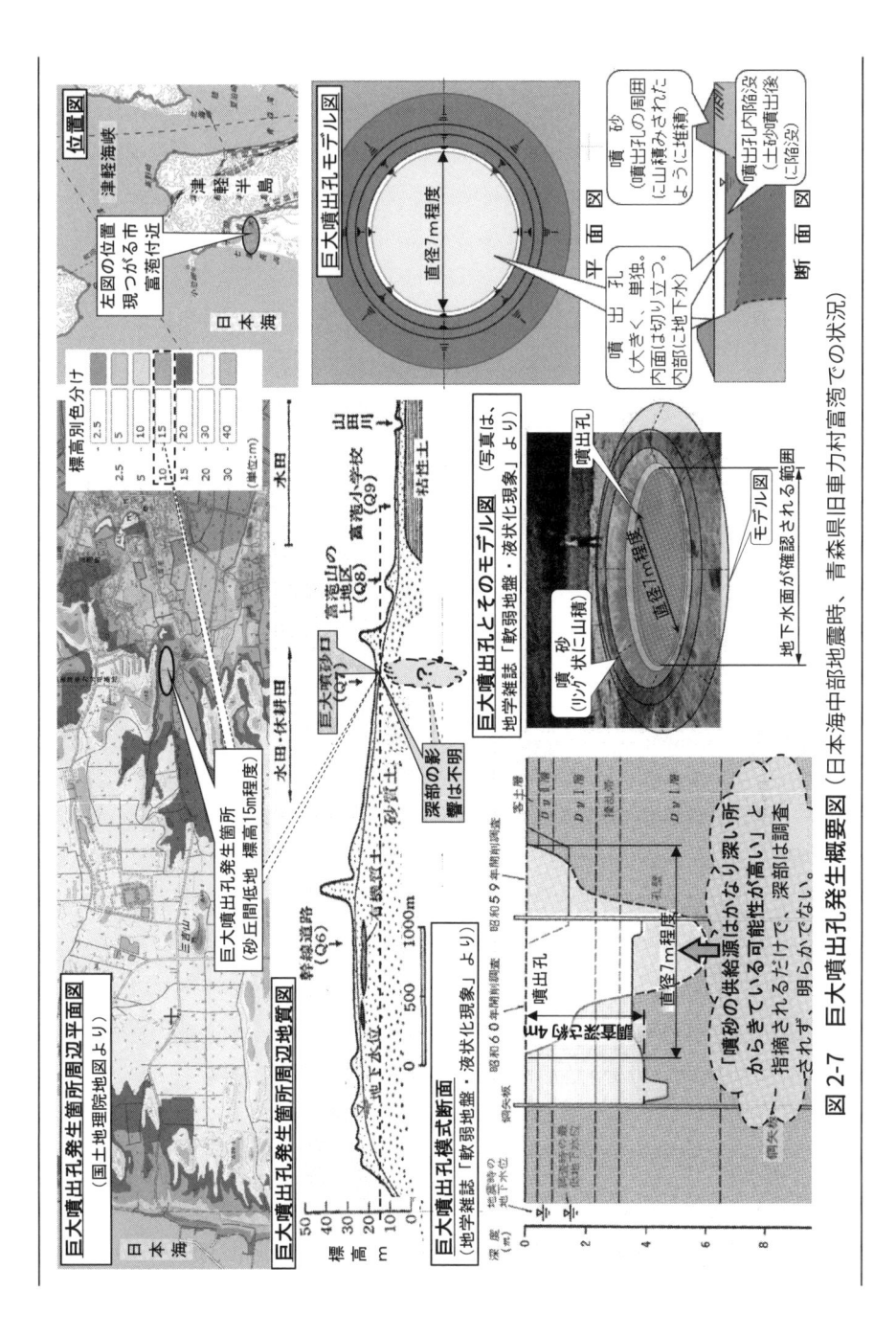

図 2-7　巨大噴出孔発生概要図（日本海中部地震時、青森県旧車力村富萢での状況）.

その挙動が理解できます。

　ただし、現在の液状化理論では「地下深部は圧力が大きく、液状化は発生しない」との基本的な考え方があるため、これまでの砂脈調査深さは、噴出孔位置での数m程度で不十分でした。そして、不十分との考えはこれまでにもあり、巨大噴出孔発生時、次のように指摘されていました。

　「図2-7」は、1983年の日本海中部地震時に発生した巨大噴出孔発掘の調査結果の概要図で、直径約7ｍの噴出孔が発生し、約4ｍの深さまで調査されました。その調査報告「日本海中部地震で発生した巨大噴砂孔に関する調査解析〈文献2-4〉」において、「**液状化の発生メカニズムを考える上で、非常に示唆に富む状況が確認された**」と報告されても、「**噴砂の供給源は、**（中略）**下部でかなり深い所からきている可能性が高い**」と記されるだけで、その**深い所**は、同図の通り、調査対象外でした。地下ガス挙動の痕跡である砂脈の**下部でかなり深い所**を調査することにより、そのメカニズムの検証が可能になるのであり、砂脈深部の調査は不可欠です。

４）地象における気体の挙動

　気体は、その法則により、地上（＝気象）では大きな制約を受けず、自由に挙動するのに対し、地下（＝地象）では地盤の制約を受け、不規則に挙動します。その不規則な挙動を単純化するために、次の２つの条件を設定し、その挙動と地象への影響を、順を追って記します。

　　条件１、地盤深部に飽和状態のガスが溶けている地下水がある。

　　条件２、地盤中に水平に広がる不透水（≒不透気）層がある。

①地震動等の外力が「条件１」の地盤に作用すると、気体の状態変化が生じます。つまり、ガスが気泡となって現れ、その気泡は地下水中で浮力を受け、地表に向かって浮上・膨張します。ただし、浮上途中の地盤中に「条件２」の不透気層があると、気泡はその層の下に滞留し、滞留の増加によって膨張が十分にできず、圧力が保持された状態で滞留が続き、その層の下に広く滞留します。

②地盤の不透気性は不完全で、砂脈等のほぼ鉛直な地盤弱部（透水・透気性の高い箇所）があり、滞留範囲がその弱部に達すると、その弱部から気泡が浮上します。その噴出は弱部の状態によって多様で、次のような３つに大別されます。

②$^{-1}$ 地盤弱部が僅かな場合：地盤の不透気性は高いため、気泡滞留が増え、かつ、その深さで圧力が大きくなる。滞留増加後、大きな圧力の気泡が一気に水・土砂を伴って多量に噴出し、地盤弱部はさらに弱体化する。

②$^{-2}$ 地盤弱部が中間的な場合：②-1 より地盤の不透気性が低いため、気泡滞留は多くなく、圧力はあまり大きくならないが、気泡滞留および圧力増加がある。その圧力増加により、地盤弱部から気泡が水を伴って噴出する。

②$^{-3}$ 地盤弱部が顕著な場合：透気性が高いため、気泡滞留は少なく、かつ、その深さで圧力はほとんど大きくならない。圧力の大きくない気泡が噴出するだけで、水・土砂噴出はなく地盤への影響はない。

　地下ガスは発生後、多様な挙動を経て地表に噴出し、同時に多様な噴出物を伴っており、気体の状態変化が関わる地象の形態・規模は多様で複雑です。

　火山噴火は高温高圧で巨大化した規模であるのに対し、液状化現象はほとんどが常温で、地震時多発しますが、一つ一つは比較的小さな規模です。そして、水面に現れる泡は最小の規模で、地象の一種と捉えることもできます。

5）地下ガスの地震サイクルへの関与

　地下ガスは地表への噴出後、直ぐに拡散するため、私たちは感じず、何が起きているかほとんど分かっていません。しかし、地下ガスはその噴出量に違いはあっても、地震時だけでなく普段から地表へ噴出しています。地表からの地下ガス噴出状況と関連現象を、地震を含む次の 4 つの段階に分けて示すと「図 2-8 地震サイクルと地下ガス噴出発生模式図」の通りで、以下、そのポイントです。

①平常時

　　地盤はプレートの沈み込みに伴って沈降する。地盤内の地下ガスは地下水中に溶けていて、通常は発生・噴出していないが、地盤の沈降等の影響により、気体の状態変化が起こり、間欠的に僅かに地下ガスが地表に噴出。ほとんどトラブルが生じず、ガス噴出が気づかれることはない。

②先発現象（地震発生前、数日、長ければ数十日）

　　プレートの沈み込みにより、その境界のひずみが限界に達すると、ひずみ方

プレート間地盤変動に伴う前兆現象と二次災害

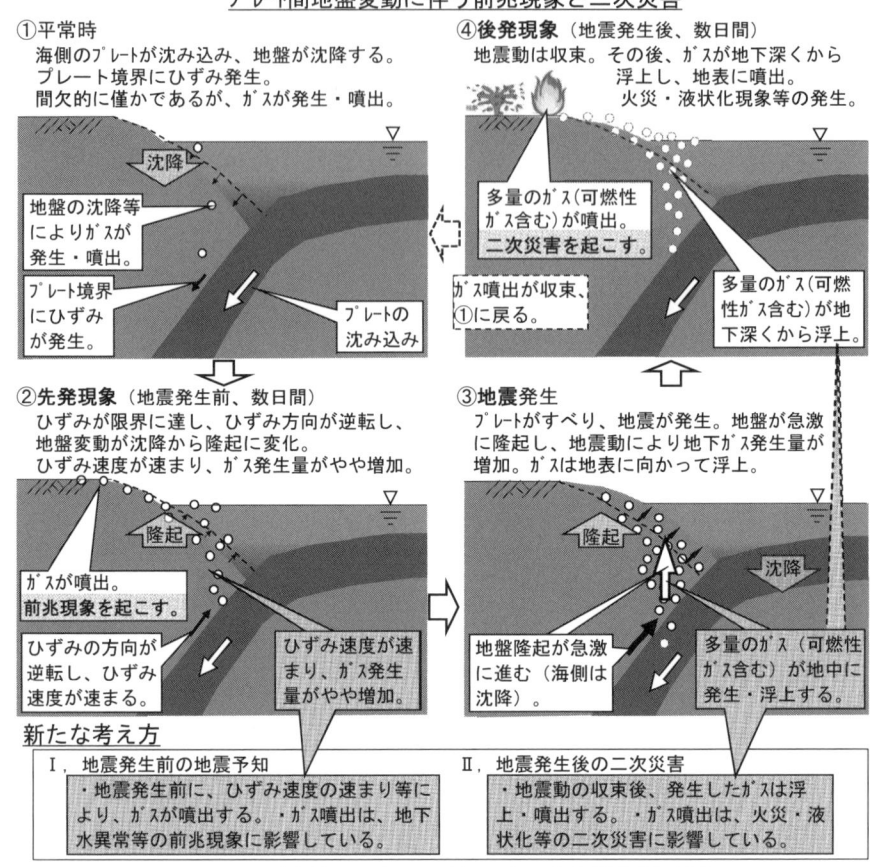

①平常時
　海側のプレートが沈み込み、地盤が沈降する。
　プレート境界にひずみ発生。
　間欠的に僅かであるが、ガスが発生・噴出。

地盤の沈降等
によりガスが
発生・噴出。

プレート境界
にひずみ
が発生。

沈降

プレートの
沈み込み

④後発現象（地震発生後、数日間）
　地震動は収束。その後、ガスが地下深くから
　　　　　浮上し、地表に噴出。
　　　　　火災・液状化現象等の発生。

多量のガス（可燃性
ガス含む）が噴出。
二次災害を起こす。

ガス噴出が収束、
①に戻る。

多量のガス（可燃
性ガス含む）が地
下深くから浮上。

②先発現象（地震発生前、数日間）
　ひずみが限界に達し、ひずみ方向が逆転し、
　地盤変動が沈降から隆起に変化。
　ひずみ速度が速まり、ガス発生量がやや増加。

ガスが噴出。
前兆現象を起こす。

隆起

ひずみの方向が
逆転し、ひずみ
速度が速まる。

ひずみ速度が速
まり、ガス発生
量がやや増加。

③地震発生
　プレートがすべり、地震が発生。地盤が急激
　に隆起し、地震動により地下ガス発生量が
　増加。ガスは地表に向かって浮上。

隆起

沈降

地盤隆起が急激
に進む（海側は
沈降）。

多量のガス（可燃性
ガス含む）が地中に
発生・浮上する。

新たな考え方

Ⅰ．地震発生前の地震予知	Ⅱ．地震発生後の二次災害
・地震発生前に、ひずみ速度の速まり等により、ガスが噴出する。・ガス噴出は、地下水異常等の前兆現象に影響している。	・地震動の収束後、発生したガスは浮上・噴出する。・ガス噴出は、火災・液状化等の二次災害に影響している。

図2-8　地震サイクルと地下ガス噴出発生模式図

向が逆転し、地盤変動も沈降から隆起に逆転する。逆転したひずみ速度は速く
なり、気体の状態変化が広い範囲で進む。ガス噴出時、水・土砂噴出等があっ
ても、ガス噴出が気づかれることはほとんどない。

　このガス噴出が地下水位異常等の多様な前兆現象に影響しており、それら現象
を理解・活用することで、地震予知が可能になります。（「第4章」に詳述）

③地震発生（数秒から数十秒、長ければ数分）

プレートがすべり、地震が発生。地震動により気体の状態変化が急激に進む（極大化）。ガスは地面に向かって浮上。地震時にガス噴出があっても、揺れは激しく、私たちは揺れに気をとられ、ガス噴出に気づいていない。

④後発現象（地震発生後、数日、長ければ数十日）

地震収束後も、地下ガスが地下深くから膨張しながら浮上し、断続的に地表に噴出。水・土砂が噴出し液状化が生じても、火気があって火災が起きても、地下ガス噴出が気づかれることはほとんどない。

このガス噴出が液状化現象等の多様な二次災害に影響しており、その影響に応じた対策を立てることにより減災が可能になります。（「第3章」に詳述）

参考2-6：発泡（地下ガス噴出）とその観測

代表的地象である火山噴火や液状化現象が起きる時、地下から似たような噴出物があっても、その噴出規模が大きく異なり——例えば、火山噴火の噴煙高さが数 km（高ければ数十km）程度に対し、液状化の噴水等の高さが数十cm（高ければ数m）程度——二つは別の現象と捉えられてきました。しかし、両現象とも、気体の状態変化が関与していて、その規模の違いは、発泡規模の違いによっています。

①火山噴火では、次に記すような地下深部からの多量の発泡です。

火山噴火時、ガス物質（主に水）を含んだ高い圧力マグマが、地下から上昇し、そのガス物質の圧力が低下し、発泡することにより火山灰等が混ざったガスが噴出する。

②一方、液状化現象は「水を多く含んだ地盤が、地震の揺れによって液状になる」と説明されていても、既に記した巨大噴砂孔や、噴礫現象（後出）は説明できず、火山噴火と同様、発泡によっており、上記火山噴火に倣って記すと次の通りです。

地震発生時、ガスを含んだ比較的高い圧力の地下水が、地下から上昇し、その地下水の圧力が低下し、発泡することにより地下水・土砂が混ざったガスが噴出する。

また、火山噴火および液状化現象時に発泡があるだけでなく、活火山噴火前の噴煙に発泡が関わっているように、地震発生前にも発泡が関わっていて、地下ガス噴出があります。つまり、地震発生前から地震災害収束までの地震現象に地下ガス噴出があり、その解明には、揺れの観測だけでなく、火山噴火同様、地下ガス観測が必要です。

　そして、火山ガス観測に比べ、地震現象解明のための地下ガス観測の方が有益なデータを得やすく、その活用が期待できます。なぜなら、火山噴火時の火山ガス観測は、火山活動の活発な領域で実施しなければならず、観測機器そのものに被害が生じる等、その実施には困難が伴うのに対し、地震発生前後の地下ガス観測は、日常の生活環境で行うことができ、被害が生じてもその被害は比較的軽微であり、その実施は比較的容易だからです。

第3章

地震後の二次災害（液状化現象と地震火災）

　阪神淡路大震災および東日本大震災では、地震の揺れが耐震化された建物・インフラ等を破壊しただけでなく、その後の液状化現象や地震火災等の二次災害が被害を甚大化させ、現代に生きる世代にとって忘れられない大震災となりました。この甚大化には未解明な課題が多く、この課題を地下ガス挙動から解明します。

▼3-1　液状化現象

1）地下ガスによる液状化現象

・手詰まりの液状化現象

　1964年の新潟地震では、液状化現象によって大きな被害が発生。その後の液状化現象の研究によって、その解明は進んでいると考えられていても、半世紀以上、大地震の度に類似の被害が発生しています。特に、不可解な現象が度々起きており、その解明は停滞していると言っても過言ではありません。

　不可解な現象の一つは、液状化発生箇所に大きな偏りがあることです。具体的には「図3-1　東日本大震災における強震継続時間と液状化発生箇所〈文献3-1より〉」に示すように、関東地方は東北地方と比較して、震源からの距離は2倍程度で、地震動も明らかに小さかったにもかかわらず、関東地方の液状化箇所は東北地方より多く、大きく偏って発生していました。

　また、液状化による住家被害棟数は、国交省の「液状化対策推進事業について〈文献3-2〉」によると、「表3-1　東日本大震災における液状化による住家被害」の通りで、「図3-1」から判断される偏りより、さらに偏っていて、関東地方（25,728棟）では、東北地方（1,186棟）の約20倍の住家で被害がありました。

　被害が大きい原因だけでなく、この偏りの原因も解明されなければならなかったのですが、結果として、偏りに関する議論は不十分で、解明されておらず、新

表 3-1 東日本大震災における液状化による住家被害

都県名	棟数	都県名	棟数	都県名	棟数
岩手県	3	茨城県	6,751	千葉県	18,674
宮城県	140	群馬県	1	東京都	56
福島県	1,043	埼玉県	175	神奈川県	71
東北3県計	1,186	関東6都県計			25,728

たな再発防止対策は示されていません。

　なお、「図3-1」に記す強震継続時間とは、地震動の規模を示す一つの指標で、一定の強い震度が継続して発生する時間であり、「参考3－2：液状化判定の不確かさ2」で詳述します。

　液状化現象の解明が進んでいない状況は、震災後に実施された「液状化対策技術検討会議・検討成果〈文献3-1〉」からも、その実態を知ることができます。

　先ず、その「検討の目的」に「**東日本大震災においては、震源から遠く離れた東京近郊を含む広い範囲にわたって液状化現象が発生し、下水道、河川、道路、港湾等の社会基盤施設や住宅、宅地等において大きな被害が生じている。**(中略)**今回も被害が生じ、対策の再点検が求められている**」と記されても、対策の再点検は示されず、その糸口さえありません。

　また、その「検討のまとめ」に「**事前の判定では『液状化する』と判定された地域で『液状化しなかった（非液状化)』箇所が相当数あったこと**」と記され、その判定方法の正確性に課題があっても、判定方法は検討継続が必要とされるだけでした。このように検討継続が必要とされたのは、東日本大震災時だけでなく、例えば、阪神淡路大震災時においても必要とされ、現在の判定方法には、その採用時点から、解決されなければならない課題が残っています（参照：「参考3－1」および「同3－2」）。

　そして、解明のためのポイントとなる「**発生メカニズム**」に関して、詳細な分析が必要とされた課題は「**造成年代による液状化強度増加**」に留まっていて、仮に、この課題が解決できても、不可解な現象が明らかになると考えている専門家もいないように思われ、その代表メンバーによる「液状化対策技術検討会議」でも、課題解決の道筋は見えず、液状化現象解明は手詰まり状態です。

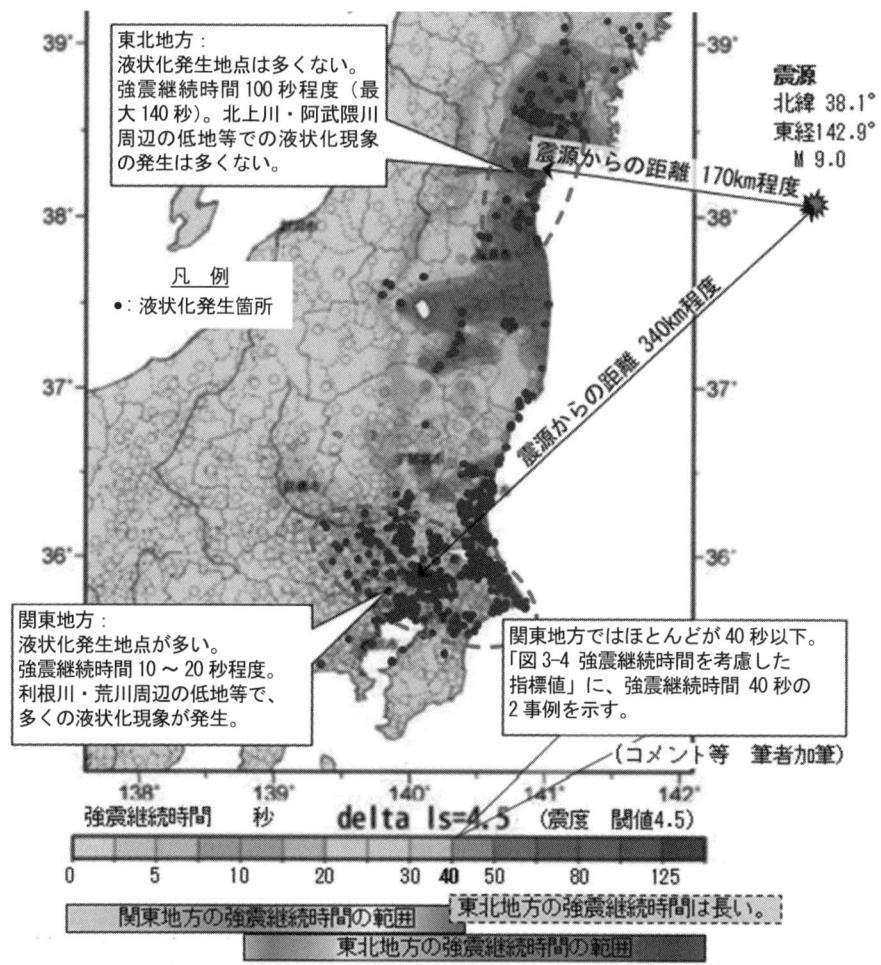

図 3-1 東日本大震災における強震継続時間と液状化発生箇所 口絵 5

東北地方：
液状化発生地点は多くない。強震継続時間 100 秒程度（最大 140 秒）。北上川・阿武隈川周辺の低地等での液状化現象の発生は多くない。

震源
北緯 38.1°
東経142.9°
M 9.0

震源からの距離 170km程度

震源からの距離 340km程度

凡 例
●：液状化発生箇所

関東地方：
液状化発生地点が多い。強震継続時間 10 〜 20 秒程度。利根川・荒川周辺の低地等で、多くの液状化現象が発生。

関東地方ではほとんどが 40 秒以下。「図 3-4 強震継続時間を考慮した指標値」に、強震継続時間 40 秒の 2 事例を示す。

（コメント等 筆者加筆）

強震継続時間 秒　delta ls=4.5　（震度 閾値4.5）

0　5　10　20　30　40　50　80　125

関東地方の強震継続時間の範囲　　東北地方の強震継続時間は長い。

東北地方の強震継続時間の範囲

参考３−１：液状化判定の不確かさ１（F_L 値判定の不確かさ）

　液状化現象は、地盤破壊の一つであり、「**地盤の強さ**」と「**地震により加わった力の強さ**」を用いて、液状化発生の有無が判定されます。やや専門的ですが、その液状化判定基準の一つに、F_L 値（液状化に対する抵抗率）があり、この F_L 値は、「**地盤の強さ**」を表す「**換算N値**」と「**地震により加わった力の強さ**」を表す「地震時せん断応力比」によっており、「図 3-2 換算N

値 N_1 と地震時せん断応力比 L の関係図〈文献 3-1 より〉」に示す「網掛け範囲」に F_L 値が当てはまった場合に、液状化すると判定されています。具体的には、同図に記すように、「換算N値」が小さい方（同図では左側）が、また、「地震時せん断応力比」が大きい方（同図では上方）が、液状化しやすいと判定されています。

　同図の通り、震災時の液状化発生箇所全数が、液状化すると判定される（網掛け）範囲にあるため、「判定に見逃しがない」と言われていますが、同（網掛け）範囲にも、既に記したように、「『**液状化しなかった（非液状化）**』**箇所が相当数**（約30％）」あり、この判定は正確性に欠けており、解明すべき大きな課題です。

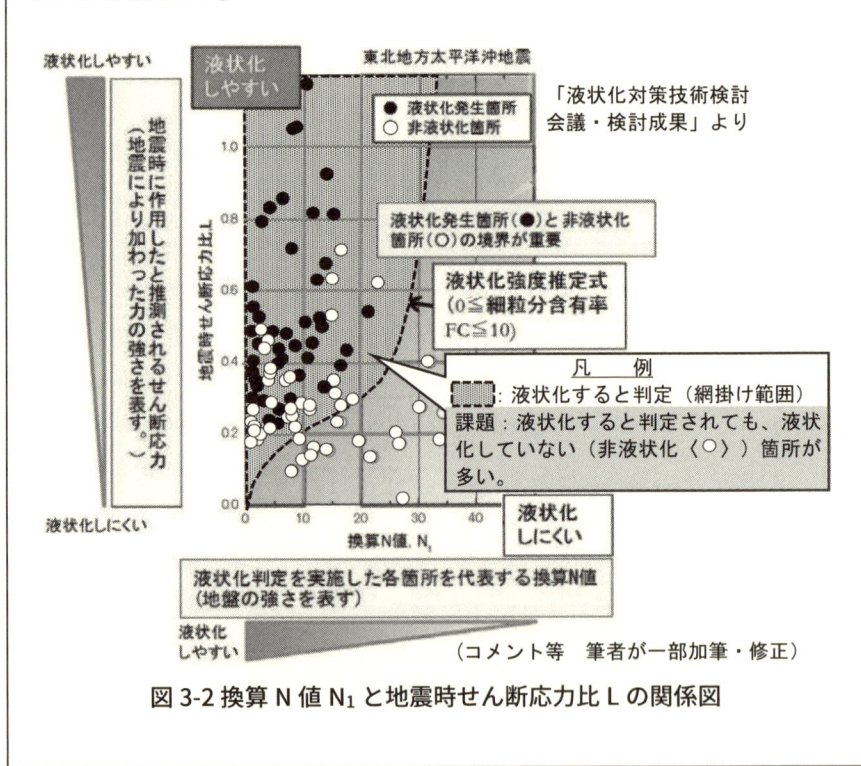

図 3-2 換算 N 値 N_1 と地震時せん断応力比 L の関係図

・地下ガス調査の必要性

　液状化現象は、上記の通り「**地盤の強さ**」と「**地震により加わった力の強さ**」により判定され、その「地盤の強さ」は地盤調査により確認されています。その地盤は、固体（土粒子）、液体（水）だけでなく、気体（ガス）から構成されていても、現状の液状化判定のための地盤調査の対象は、土粒子と水であり、ガスは調査の対象外です。

　確かに、地表付近の土粒子の間隙は地下水で満たされていて、ガスはわずかで、その調査においてガスはほとんど採取できません。また、地盤深部で地下水中に溶けていたガスが遊離し、液状化現象の原因となっても、そのガスは大気中に噴出し、地盤中に残らないため、液状化後のボーリング等による地盤調査では、その存在は確認できず、地下ガスは調査および検証の対象となっていません。

　一般的に、地盤破壊は物理現象であり、地盤調査の対象は土粒子と水だけですが、液状化現象は単なる物理現象でなく、気体の状態変化が関わっており、ガスを対象に加える必要があります。特に、地下深部は圧力が大きく、その地下水にはガスが多量に溶けており、地震動によりそのガスが発生・浮上し、地盤に影響します。液状化現象が解明されなかった原因は、そのガスが見落とされたことであり、その解明には、地下ガス調査、特に地下深部のガス調査が不可欠です。

参考3-2：液状化判定の不確かさ2（地域による偏り）

　前記、「液状化対策技術検討会議・検討成果」等を受け、地震動の継続時間を考慮した液状化発生率が調査・検証されました。

　その結果は、「図3-3 各地震における強震継続時間 Δ ls と液状化発生率との関係図〈文献3-3より〉」の通りであり、そのポイントは「**強震継続時間の大きさも液状化発生率に影響を与える**」で、また「**東北地方と関東地方で大幅に異なる**」と報告されました。前者は当然の結果ですが、後者については「**今後地域性を考慮した検討を行い、新しい液状化発生率の関係式とハザードマップの作成を試みる**」と記されただけで、何が液状化に結びつく地域性か明らかにされていません。

　関東地方で液状化が発生しやすい地域性とは、関東地方の平野部のほぼ全

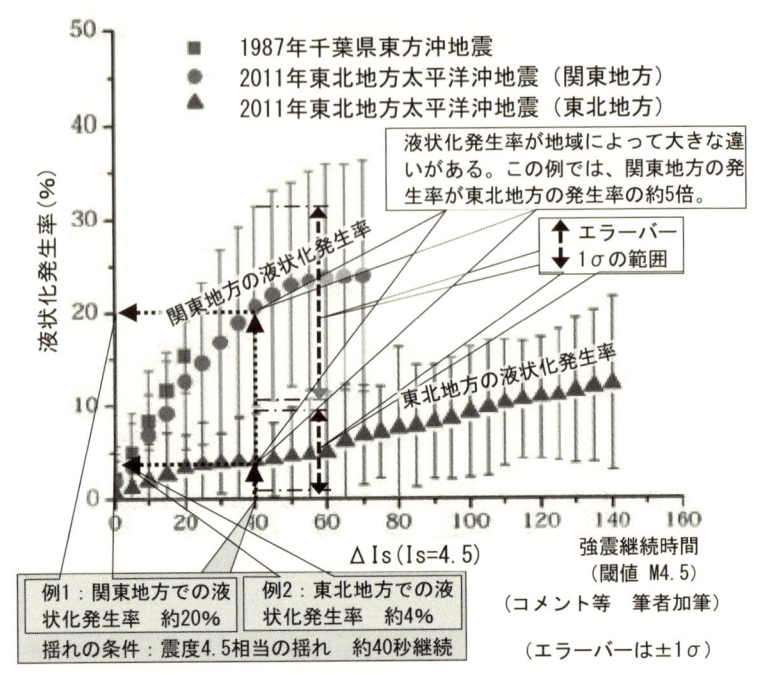

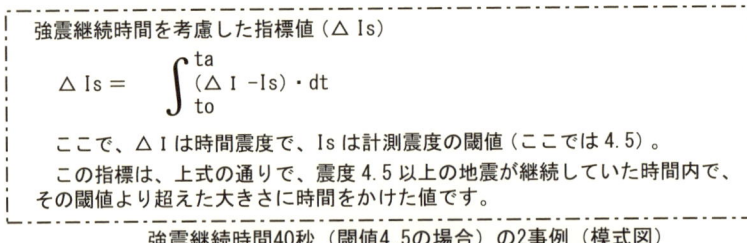

図 3-3　各地震における強震継続時間Δ Is と液状化発生率との関係図

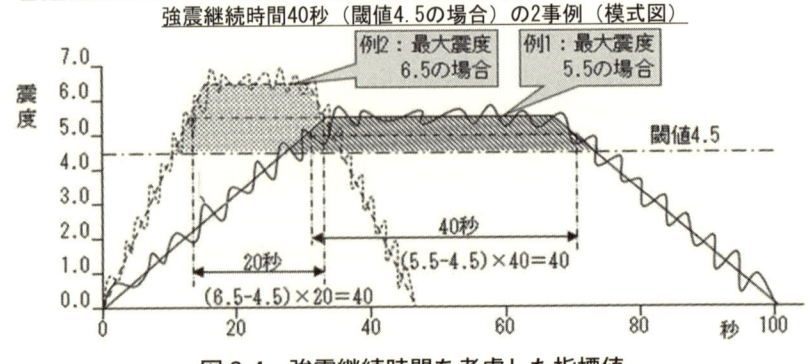

図 3-4　強震継続時間を考慮した指標値

域がガス田およびそれに類する地盤であることで、そのガス田等からのガス噴出の容易さが、液状化発生の地域差として現れていると考えられますが、そのような視点から議論されていません。見方を変えれば、この図はガス田地域では液状化が発生しやすいことを示す一つの証拠と捉えることもできます。

なお、強震継続時間Δ ls の定義は、「図 3-4 強震継続時間を考慮した指標値」の通りで、「図 3-3」に記す「震度（閾値）4.5、継続時間 40 秒」の 2 事例を示していますが、「大きい震度」が「長い時間」あると、このΔ ls は大きくなります。

2）不可解な液状化現象（事例：噴礫現象）

「水を多く含んだ地盤が、地震の揺れによって液状になること」と説明されている液状化現象には、理解できない多様な現象が生じていて、以下その事例です。

　①噴砂だけでなく、噴礫も生じる（噴礫現象）。

　②再液状化が生じる。

　③数日間、地下水・土砂等が間欠的に噴出する。

　④クレーター（≒地盤陥没）が生じる。

これら現象は不可解であり、数多く報告されていますが、それらの中から、①の噴礫の事例を、「1995 年兵庫県南部地震の液状化・流動化被害　―噴礫現象の意味すること―〈文献 3-4〉」等より検証し、液状化現象は地震の揺れだけでなく、気体の状態変化によって発生していることを、以下に記します。

特徴的な噴礫は、神戸市のポートアイランド内で発生し、その概要は「図 3-5 観測井戸（マンホール内）からの噴礫状況概要図」の通りで、以下ポイントです。

①通常、噴砂の粒径は数mmであるのに対して、最大 30cm程度の礫が観測井戸（径 50cm、深さ 8.5 m、上部はマンホール）から噴出した。

　（同図の「写真：マンホール内噴礫状況」で、同程度の大きさの噴礫（≒巨礫）が確認できる。）

②噴出した礫を含む土砂は、埋立土（深度 12 m程度まで）であり、観測井戸下端から観測井戸を通って地表に激しく噴出した。

③観測井戸上部には、噴砂・噴礫は確認されなかった。

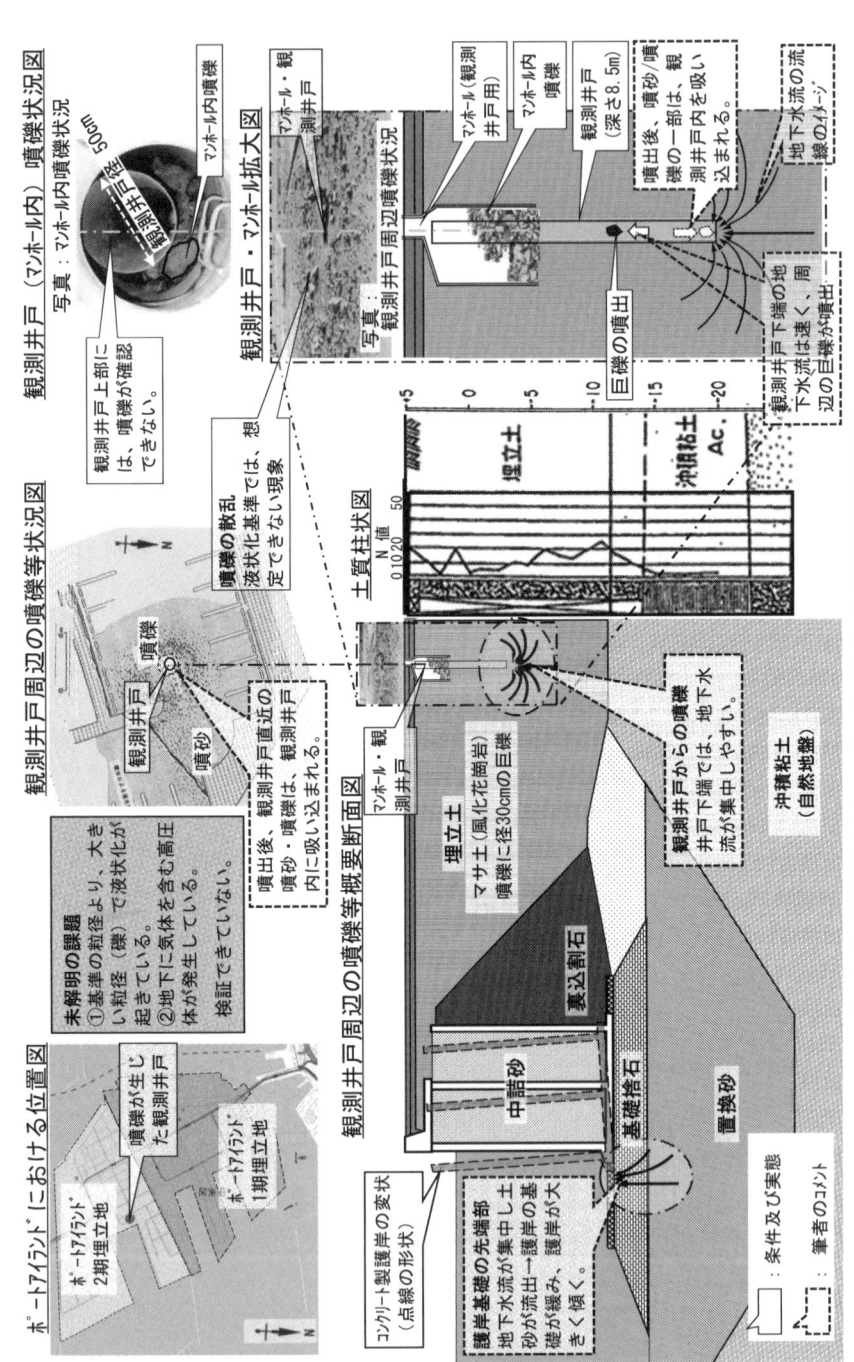

図 3-5　観測井戸（マンホール内）からの噴礫状況概要図

観測井戸（マンホール内）噴礫状況図

写真：マンホール内噴礫状況

マンホール内噴礫

観測井戸上部には、噴礫が確認できない。

マンホール（観測井戸用）

観測井戸

観測井戸・マンホール拡大図

写真：観測井戸周辺噴礫状況

マンホール・観測井戸

マンホール内噴礫

観測井戸（深さ8.5m）

噴出後、噴砂/噴礫の一部は、観測井戸内に吸い込まれる。

地下水の流線のイメージ

観測井戸下端の地下水流は速く、周辺の巨礫が噴出。

観測井戸周辺の噴礫等状況図

噴礫の散乱

噴礫の基準では、想定される液状化基準では、判定できない現象

観測井戸

噴礫

噴砂

噴出後、観測井戸直近の噴礫は、観測井戸内に吸い込まれる。

土質柱状図

N値
0 10 20　　50

埋立土

沖積粘土
Ac.

観測井戸からの噴礫

観測井戸下端では、地下水流が集中しやすい。

沖積粘土（自然地盤）

未解明の課題
①基準の粒径より、大きい粒径（礫）で液状化が起きている。
②地下に気体を含む高圧流体が発生している。検証できていない。

埋立土

マサ土（風化花崗岩）噴礫に径30cmの巨礫

裏込割石

中詰砂

基礎捨石

置換砂

コンクリート製護岸の変状（点線の形状）

護岸基礎の先端部地下水流中に土砂が流出→護岸の基礎が緩み、護岸が大きく傾く。

ポートアイランドにおける位置図

ポートアイランド2期埋立地

噴礫が生じた観測井戸

ポートアイランド1期埋立地

：条件及び実態

：筆者のコメント

64

なお、埋立土は、液状化しないとされるマサ土（風化花崗岩）が使用されていましたが、埋立地全体に液状化現象が発生し、この観測井戸近傍の高さ10ｍ超の巨大なコンクリート製護岸も、同図に示すように大きく傾きました。

　現在の液状化現象の理論では説明できない噴礫が、どのように発生したか？その概要を「図3-6　噴礫発生の経緯と原因　概要図」に示しますが、ポイントは以下の通りと考えられます。

①震源域がポートアイランド近傍（震源深さ約16kmに対し、震源域からの距離約3km）にあり、地震でその地下深部に大きな地震動が生じた（地下83ｍでの地震の加速度は600gal以上で、地表の約２倍）。

「地下深部の地震動は地表に比べて小さい」が定説ですが、この定説は直下型地震では当てはまらず、この記録はその一事例です（参照：「第1章　１－２　直下型地震」）。

②地下の大きな地震動により、地下水中に溶けていた可燃性ガスが遊離・発生し、地下水中を浮上。

（この地域は、ガス田地域ではない。しかし、埋立土層下の大阪群層の地下水には、可燃性ガスが溶存しており、地震動により、ガスが噴出する可能性が高い。大阪群層のガス貯留については、別途「本章　３－２　地震火災」に記す。）

③その浮上により、一時的に地下水圧が大きく増加した。

（ポートアイランド内、深さ33ｍで間隙水圧が増加したと別途報告がある。）

④地下水圧の大きな増加により、土砂噴出だけでなく、礫が噴出。特に地盤弱部に相当する観測井戸より激しく噴出した。

　地下水・土砂・礫噴出後、最後にガスが噴出し、観測井戸下方付近に一時的にガス溜りができることにより、その付近の圧力が低下し、地下水・土砂・礫が観測井戸を通って下方に吸い込まれ、その上部の噴砂・噴礫等がなくなった。

　また、護岸基礎の先端は、「図3-5」に示すように、地下水流が集中しやすいため、その先端下方からガス・地下水が噴出しました。ガス・地下水だけの噴出であれば、護岸に変状は生じませんが、それら噴出に合わせて土砂が噴出し、その基礎が緩み、護岸全体が大きく傾きました。

　なお、この事例に関して「**礫（巨礫・砂礫）・水・空気の三相流からなる<u>異常高</u>**

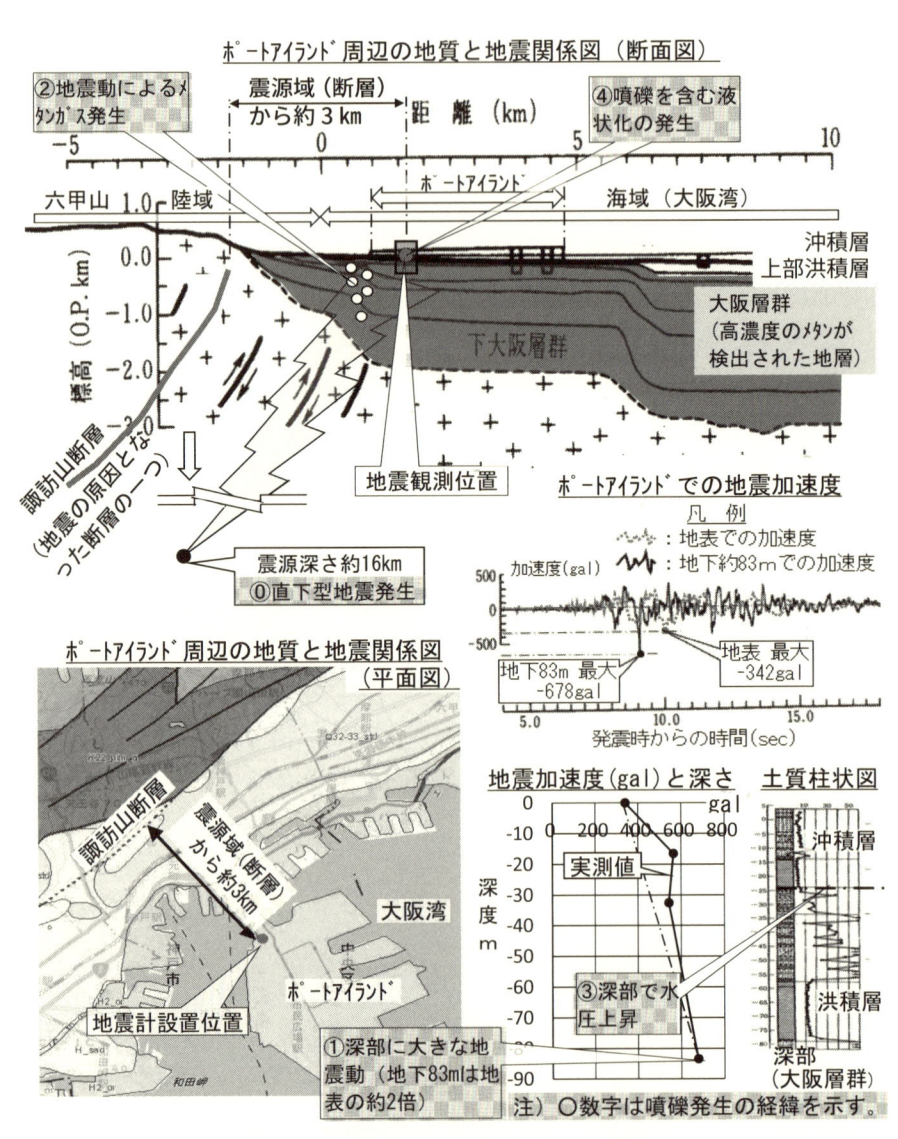

図 3-6　噴礫発生の経緯と原因　概要図

圧体が発生したと思われます〈文献3-5より〉」との報告があり、さらに同じような噴礫現象は東日本大震災時にも起きていて、解明すべき課題と認識されているものの、この**異常高圧体**がどのように発生したか、その原因は今日も不明です。

参考3－3：想定できない液状化被害と発生メカニズムの模索

　日本で液状化が研究され始めたのは1964年の新潟地震からで、それまで液状化現象は地震予知同様、非科学的分野の一つでした。現在の「液状化理論」は、新潟地震の3ケ月前、アラスカでの大地震で、同じような液状化被害が起きたことから、アメリカ人研究者シードによって研究・提起されたことが始まりでした。

　日本でも、その理論をベースとして液状化が研究され、関係する諸基準が制定されました。その後、大地震時、想定できない被害が生じ、その諸基準の改定が行われましたが、改定のベースは「シードの理論」でした。

　阪神淡路大震災時の噴礫現象も想定できない被害の一事例でした。当時新聞に「**過去の地震では見られない奇妙な現象が起きている**」とし、「**現地調査団の一員として人工島**（ポートアイランド）**を調べたⅠ東京大学教授**（耐震**工学）は阪神大震災の特異な被害に驚きを隠さない**（1995年3月4日、日本経済新聞朝刊）」と記事が載りました。このⅠ教授とは、液状化研究の第一人者と言われていて、その教授でさえも「**奇妙な現象**」と表現していました。

　そして、令和6年能登半島地震でも液状化は多数発生し、その調査結果に関し「**同じ地区でも住宅の傾きなど被害の深刻さにばらつきが見られ、・・**」と新聞等で報道され、その原因は液状化現象発生の偏りと同じで、地下ガス噴出の偏り（**ばらつき**）と考えられますが、解明は進まず、その模索は現在も続いています。

▼3－2　地震火災

　阪神淡路大震災では、地震動による建物・インフラの破壊だけでなく、火災も多発し、地震被害を甚大化させ、その火災により多くの人命が奪われました。

　「（都市の不燃化が進んだこと等から）**広域火災は起きにくいのではと楽観視され**ていたのだが、その楽観視をくつがえす**大火災となった**〈文献3-6より〉」と言

われていますが、その真相は不明です。確かに、コンロ等の火気が出火原因になることもありますが、地震収束後、火気のない箇所で出火原因不明の火災が多発しており、今後も同じように地震時、**大火災となる**可能性は高いのです。

1）火災状況の実態

火災報告の一つ「消防輯報第 49 号　1995 年兵庫県南部地震後 10 日間の出火状況〈文献 3-7〉」によると、火災件数は兵庫県、大阪府の 2 府県で合計 340 件。多様な火災の中に不可解な火災状況報告が数多くあり、その概況は「図 3-7　阪神淡路大震災　火災発生状況図」に記す通りで、次の 2 つの特徴がありました。

①出火原因不明火災が多い（出火件数の 45％が出火原因不明の火災）。
②震源域およびその東側地域で火災が多発（火災発生場所の偏り）。

また、「阪神淡路大震災の記録〈文献 3-8〉」には、「図 3-7」に記すように、ガス噴出によると考えられるような火災報告が数多くありました。その中の一つが焼損面積約 4 万㎡の「**新長田駅南火災**」の報告で、「**一度鎮火しかかったが、信号機が倒れてきて火が燃え移り爆発した**」とあり、「地下ガス噴出」と「信号機の電気（火気）」による「**爆発**」と推測することもできます。さらに、爆発だけでなく、同じく長田区で「**ガスが燃え続けた**（日吉町 2 丁目）」との報告があり、地震後の地下からの可燃性ガス噴出によって発生した可能性があっても、出火原因不明で、これら火災はそのような視点で検証されたことはありませんでした。

また、このような火災・爆発は、第 1 章に記した通り、ガス供給のない時代に起きた善光寺地震・濃尾地震でも数多く発生していて、当時も原因不明でした。

2）焼損面積の 98％は出火原因不明の火災

出火件数の約 45％が出火原因不明と報告されたことから、出火原因不明の火災が多かったと一般的に理解されていますが、この理解は正確さを欠いています。火災の実態は「1995 年兵庫県南部地震後 10 日間の出火状況（前出）」によると、「表 3-2 阪神淡路大震災時の出火原因の内訳」の通りで、焼損面積を出火原因別に分類すると、全焼損面積約 83.7 万㎡に対して、その約 98％、約 82.1 万㎡が出火原因不明。「**焼損面積の 98％は出火原因不明の火災**」は、データをまとめ直

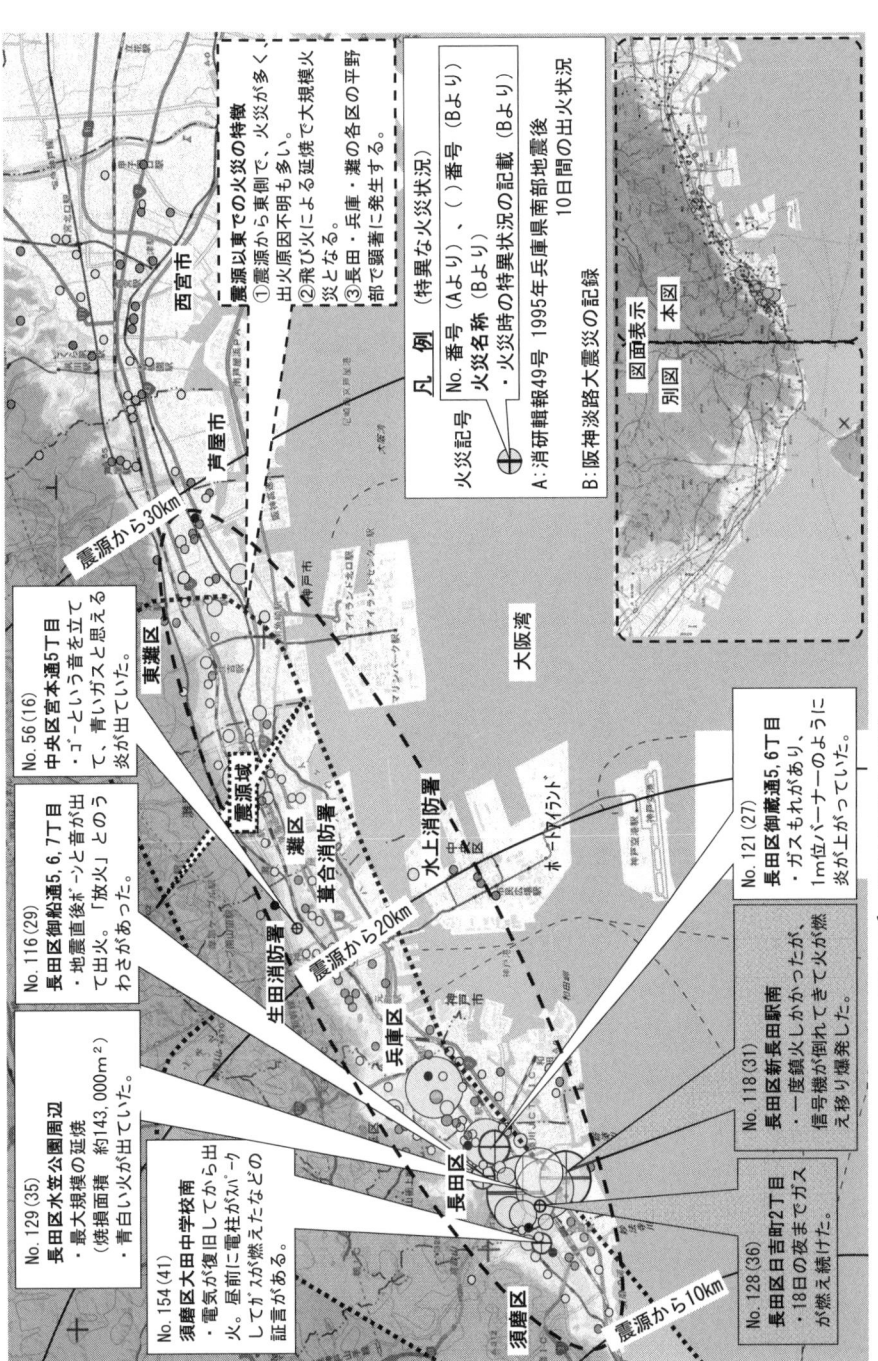

図 3-7¹ 阪神淡路大震災　火災発生状況図（その1）

凡　例　（特異な火災状況）
No. 番号（Aより）、（ ）番号（Bより）
　　　火災名称（Bより）
　　　・火災時の特異状況の記載（Bより）

火災記号　　　A：消研輯報49号 1995年兵庫県南部地震後
　　　　　　　　　　　10日間の出火状況
　　　　　　　B：阪神淡路大震災の記録

図面表示　　　別図
　　　　　　　本図

震源以東での火災の特徴
①震源から東側で、火災が多く、出火原因不明も多い。
②飛び火による延焼で大規模火災となる。
③長田・兵庫・灘の各区の平野部で顕著に発生する。

No. 56 (16)
中央区宮本通5丁目
・ゴーという音を立てて、青いガスと思える炎が出ていた。

No. 116 (29)
長田区御船通5、6、7丁目
・地震直後ボーンと音が出て出火。「放火」とのうわさがあった。

No. 129 (35)
長田区水笠公園周辺
・最大規模の延焼
（焼損面積　約143,000m²）
・青白い火が出ていた。

No. 154 (41)
須磨区大田中学校南
・電気が復旧してから出火。昼前に電柱がスパークしてガスが燃えていたなどの証言がある。

No. 121 (27)
長田区御蔵通5、6丁目
・ガスもれがあり、1m位バーナーのように炎が上がっていた。

No. 118 (31)
長田区新長田駅南
・一度鎮火しかかったが、信号機が倒れてきて火が燃え移り爆発した。

No. 128 (36)
長田区日吉町2丁目
・18日の夜までガスが燃え続けた。

西宮市
芦屋市
東灘区
灘区
中央区
兵庫区
長田区
須磨区
神戸市
大阪湾
ポートアイランド
神戸空港

震源域
灘消防署
生田消防署
長田消防署
兵庫消防署
水上消防署

震源から30km
震源から20km
震源から10km

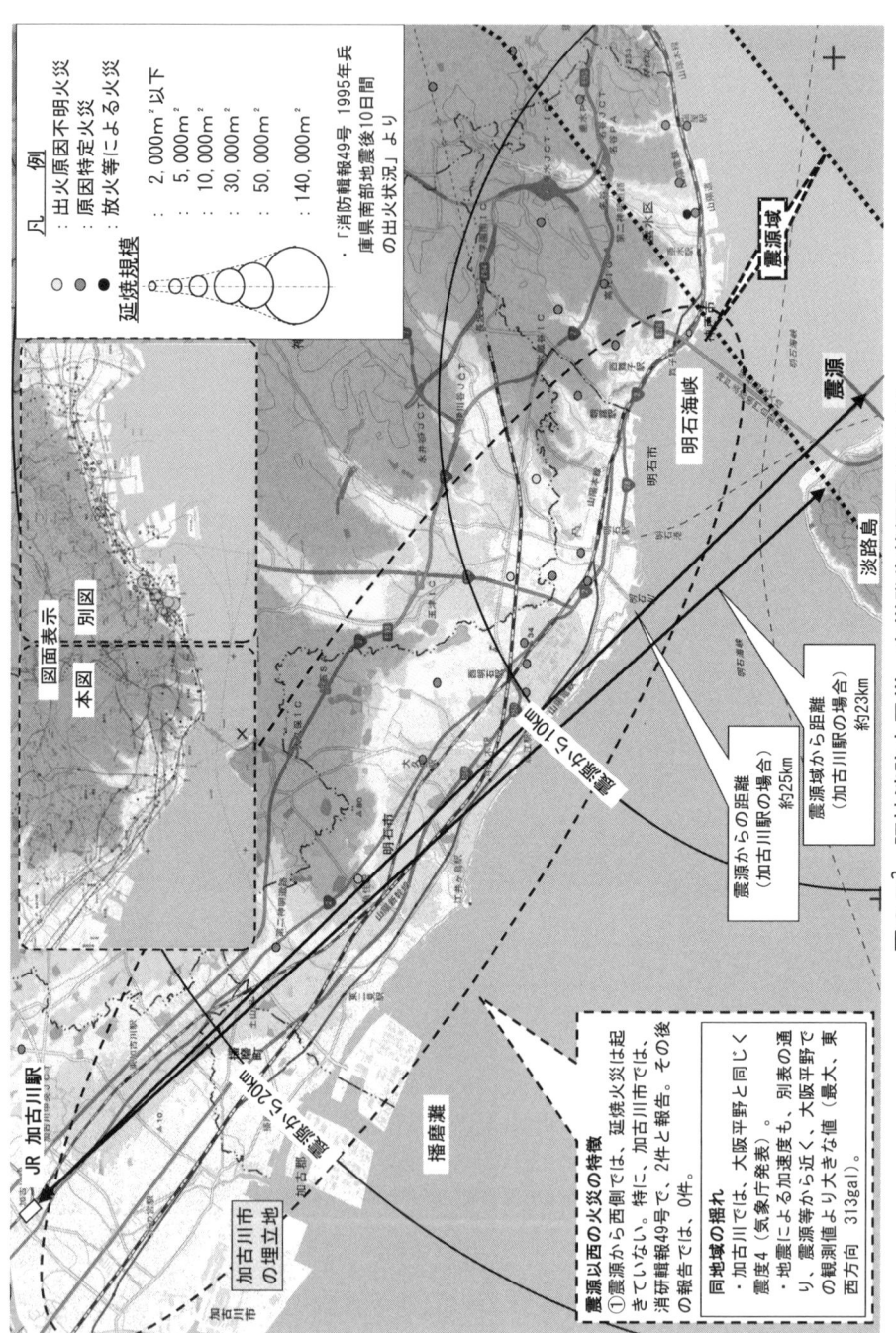

凡 例

出火原因不明火災
原因特定火災
放火等による火災

延焼規模
○ ● ● : 2,000m²以下
: 5,000m²
: 10,000m²
: 30,000m²
: 50,000m²
: 140,000m²

・「消防輯報49号 1995年兵
庫県南部地震後10日間
の出火状況」より

震源域

震源

明石海峡

淡路島

図面表示
本図   別図

距離から10km

JR 加古川駅

加古川市
の埋立地

距離から20km

播磨灘

震源からの距離
（加古川駅の場合）
約25km

震源域からの距離
（加古川駅の場合）
約23km

震源以西の火災の特徴
①震源から西側では、延焼火災は起
きていない。特に、加古川市では、
消防輯報49号で、2件と報告。その後
の報告では、0件。

同地域の揺れ
・加古川では、大阪平野と同じく
震度4（気象庁発表）
・地震による加速度も、別表の通
り、震源等から近く、大阪平野で
の観測値より大きな値（最大、
西方向 313gal）。

図 3-7-² 阪神淡路大震災 火災発生状況図（その2）

70

表 3-2　阪神淡路大震災時の出火原因の内訳

管轄等		焼損面積（㎡）				出火件数				主なコメント
		不明	原因特定	放火等	小計	不明	原因特定	放火等	小計	
兵庫県	神戸市 東灘	36,559	1,540	42	38,141	16	11	1	28	長田区：出火件数の全体比率は約8%に対して、焼損面積の同比率は約65%。その出火原因はほとんどが不明。
	灘	65,258	33	3	65,294	18	3	1	22	
	葺合	8,097	0	0	8,097	15	3	1	19	
	生田	1,391	519	0	1,910	1	10	0	11	
	水上	3,600	86	0	3,686	3	2	0	5	
	兵庫	120,026	7,977	235	128,238	17	10	1	28	
	北	0	55	0	55	0	2	0	2	
	長田	548,075	226	1	548,302	24	1	1	26	
	（比率）				65%				8%	
	西	77	0	0	77	1	1	0	2	神戸市：焼損面積の99%が出火原因不明。
	須磨	25,779	73	38	25,890	12	5	2	19	
	垂水	13	151	0	164	1	9	1	11	
	小計	808,875	10,660	319	819,854	108	57	8	173	
	比率	99%	1%	0%	100%	62%	33%	5%	100%	
	尼崎	1,730	841	0	2,571	1	11	0	12	
	明石	0	30	0	30	1	10	0	11	
	西宮	5,718	1,979	0	7,697	16	17	0	33	
	芦屋	3,420	227	0	3,647	10	3	0	13	
	伊丹	287	291	0	578	3	7	0	10	
	加古川	0	44	0	44	0	1	1	2	加古川市等のある播磨地域での火災は極めて少ない。
	宝塚	24	207	0	231	1	6	2	9	
	川西	0	143	0	143	0	5	0	5	
	淡路	28	26	0	54	1	3	0	4	
	神戸市以外	11,207	3,788	0	14,995	33	63	3	99	
	小計	820,082	14,448	319	834,849	141	120	11	272	
	比率	98%			100%	52%	44%	4%	100%	
大阪府	大阪	1,474	774	0	2,248	7	24	4	35	「消研輯報第49号　1995年兵庫県南部地震後10日間の出火状況」より
	豊中	33	193	0	226	3	6	2	11	
	吹田	0	3	1	4	0	3	3	6	
	高槻	0	0	0	0	0	3	0	3	
	箕面　他	0	7	0	7	1	2	1	4	
	堺、高石	0	75	0	75	0	6	3	9	
	小計	1,507	1,052	1	2,560	11	44	13	68	出火原因不明の焼損面積が多く、火災対策は立てられていない。
	比率	59%	41%	0%	100%	16%	65%	19%	100%	
全体	計	821,589	15,500	320	837,409	152	164	24	340	
	比率	98%	2%	0%	100%	45%	48%	7%	100%	
課題		出火原因不明件数の比率は、45%で、同焼損面積の比率は、98%。焼失した範囲の出火原因はほとんど明らかでない。								

しただけで、29 年前からの既公表の事実です。

そして、「図 3-8 消防署管轄別 焼損面積パレート図」に示すように、長田区および近接 2 区（兵庫区、灘区）で火災は多発し、神戸市の出火原因不明の焼損面積比率は 99% であり、大阪府の同比率 59% と比べても、異常に高い比率でした。

なお、同じ火災を対象としても、出火件数と焼損面積で、その出火原因不明の比率に大きな違いがあるのは、消し止めることができた火災は、出火原因を特定しやすいのに対し、消し止めることが困難で燃え広がった火災は、出火原因を特定しにくいことによっていると推測されます。

・焼損面積の 98% が出火原因不明の意味

減災の目的の一つに、出火件数の低減もあるのでしょうが、被害を最小限に抑えることが減災であり、出火原因が不明のままでは真の減災効果は生まれません。なぜなら、想定される出火原因に対する対策だけでは、その効果を単純に計算すると、以下の減災効果しか期待できないからです。

出火原因が明らかな 55% の火災を防げても、焼損面積は 2% しか減らすことはできない。

現在、地震時の火災被害を減らすための努力が続けられていますが、「その対策は不十分であり、最善の対策が進められていると言えない」のも事実で、出火原因不明火災の解明は、重要な課題です。

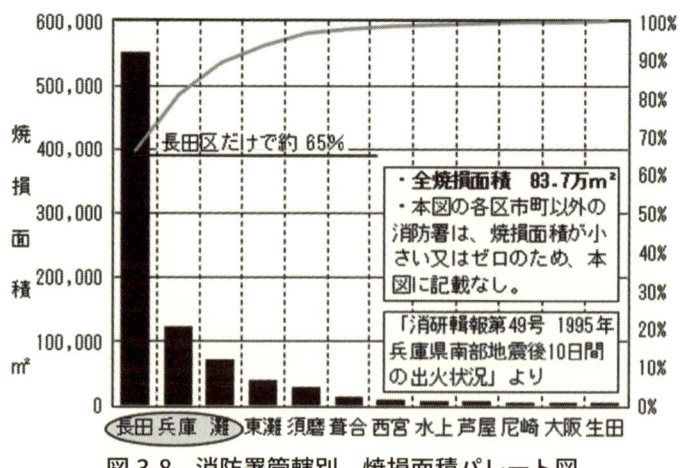

図 3-8　消防署管轄別　焼損面積パレート図

3）火災発生の偏り

　長田区および近接2区で火災は多発しただけでなく、「図 3-8」からも分かるように、神戸市および神戸市以東の大阪湾沿岸で火災が多く発生していたのに対し、それ以外の地域では多くなく、例えば、加古川市等のある播磨灘沿岸では、火災発生は少なく、火災発生状況の特徴は「図 3-9 阪神淡路大震災　火災・液状化発生状況と関連情報」の通りでした。

・地盤条件の特徴

　「図 3-9」に記す「メタンガス関連」の井戸ガス濃度は、「兵庫県下の温泉付随メタンガスの濃度分布とガス分離設備によるメタンの除去〈文献 3-9〉」によっていて、被災地域での可燃性ガス貯留状況を同図に表現していますが、そのポイントは次の2点です。

①関西地域は、国内の他の地域、特に関東と比べると、地下ガス貯留が多くありませんが、大阪府には二つのガス田があります。また、神戸市周辺にはガス田はなくとも、井戸から高い濃度の可燃性ガスが多く検知されており、地下に可燃性ガス（濃度5%以上）が貯留しています。なお、「はじめに」で記した大阪万博建設地での爆発事故は、同図に示す通り、この地域で発生しており、ガス貯留深さは明らかでありませんが、ガス噴出が原因です。

②一方、神戸市より西側、加古川市等の播磨地域では、ほとんどの井戸で低い濃度の可燃性ガス（濃度0.25%以下）しか検知されておらず、地下に貯留する可燃性ガスは多くありません。

　なお、可燃性ガスが爆発を起こす最低濃度を爆発下限界と言い、メタンガスの爆発下限界濃度は5%で、その濃度以上のガス噴出で、火気があると爆発します。

　つまり、神戸市および神戸市以東の地域では、可燃性ガスの地表への噴出により、火災が多発した可能性があると推測できます。また、同文献によると地質学的には、兵庫県で高濃度メタンが貯留されている地層は、大阪層群、神戸層群等とあり、地震火災発生は、これら「地下ガス貯留層」に起因していると考えられます。

　既に記したように、液状化現象が人工島のポートアイランドで発生していて、その人工島深部には、層厚約3kmの大阪群層があり、地下ガスが発生した深さを、

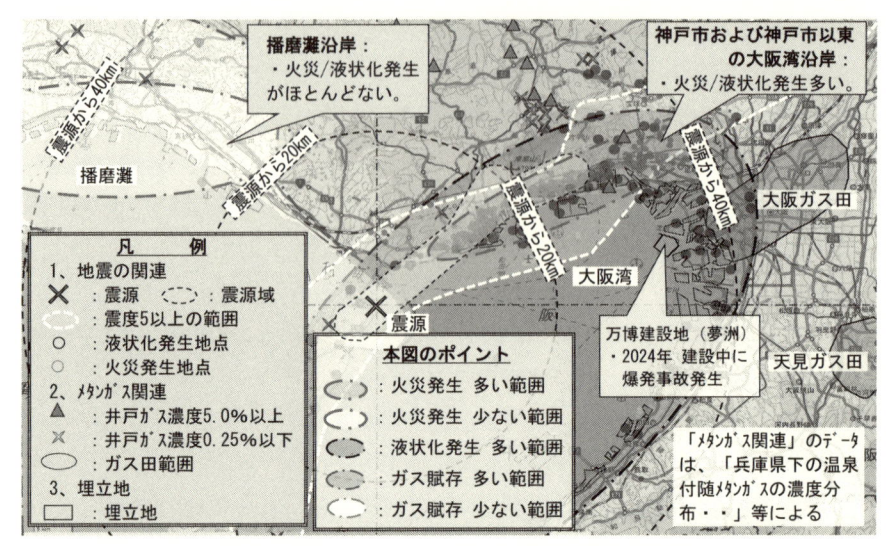

図 3-9　阪神淡路大震災　火災・液状化発生状況と関連情報　口絵 6

現状の資料等から判断することはできませんが、かなり深い層から発生している可能性もあります。ほとんど未知の世界、今後の課題です。

▼3－3　液状化現象と地震火災発生地域の類似性

　液状化現象も地震火災と同じように、その発生は地域により偏りがあります。東日本大震災では、関東地方と東北地方の 2 つの広い範囲で大きな偏りがあったのに対し、阪神淡路大震災では、震度 7 となった神戸市での激しい液状化現象の発生は当然としても、震度 4 の揺れが生じた兵庫県・大阪府での比較的狭い範囲で大きな偏りがありました。

　具体的には、震度 4 となった神戸市以東の大阪湾沿岸では、液状化現象と火災が共に多く発生したのに対し、同じく震度 4 の播磨地域の播磨灘沿岸では、液状化現象と火災が共にほとんど発生しませんでした。これら発生の偏りを検証するために、この地域の地盤特性と地震動を整理すると以下の通りです。

①地盤特性（液状化危険度）

　液状化に関する地盤特性の評価には、地盤の「液状化危険度」があり、各地方自治体が公表しています。兵庫県および大阪府は H.P. 等で公表していて、その

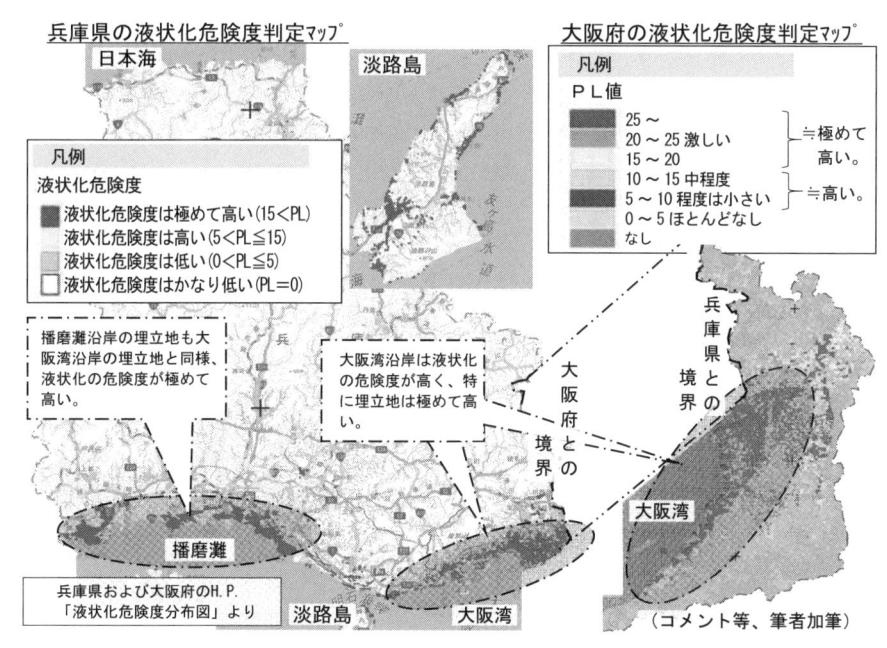

図 3-10　兵庫県および大阪府　液状化危険度判定　口絵 7

資料〈文献 3-10、11〉によると、「図 3-10 兵庫県および大阪府　液状化危険度判定」に示す通りで、両府県の大阪湾・播磨灘沿岸は、液状化危険度が「高い」と判定されています。特に、沿岸の埋立地は「極めて高い」と判定されています。

②**地震動（実際の揺れ）**

　震源域の神戸市内では、震度 7 の揺れがあったのに対し、震源から離れるに従いその揺れは小さくなる傾向にあり、震源域から 20 〜 40㎞離れた地域では、ほぼ震度 4 で、同程度の揺れでした。また、揺れの大きさを表す一つの指標である最大加速度は、震源域の神戸市内で、最大 500gal 以上であったのに対し、震源域から 20 〜 40km離れた地域では、その大きさにバラツキがあるものの、1/2 〜 1/4 程度でした。具体的には、「阪神淡路大震災の記録〈前出〉」によると、加古川（播磨灘沿岸で、震源域から約 23㎞）で最大 313gal、岸和田（大阪湾沿岸で、震源域から約 30㎞）で最大 144gal でした（参照：「図 3-11　阪神淡路大震災　震度分布と課題」）。

　火災が神戸市を中心に、震源域およびその東側で多く発生したように、液状化

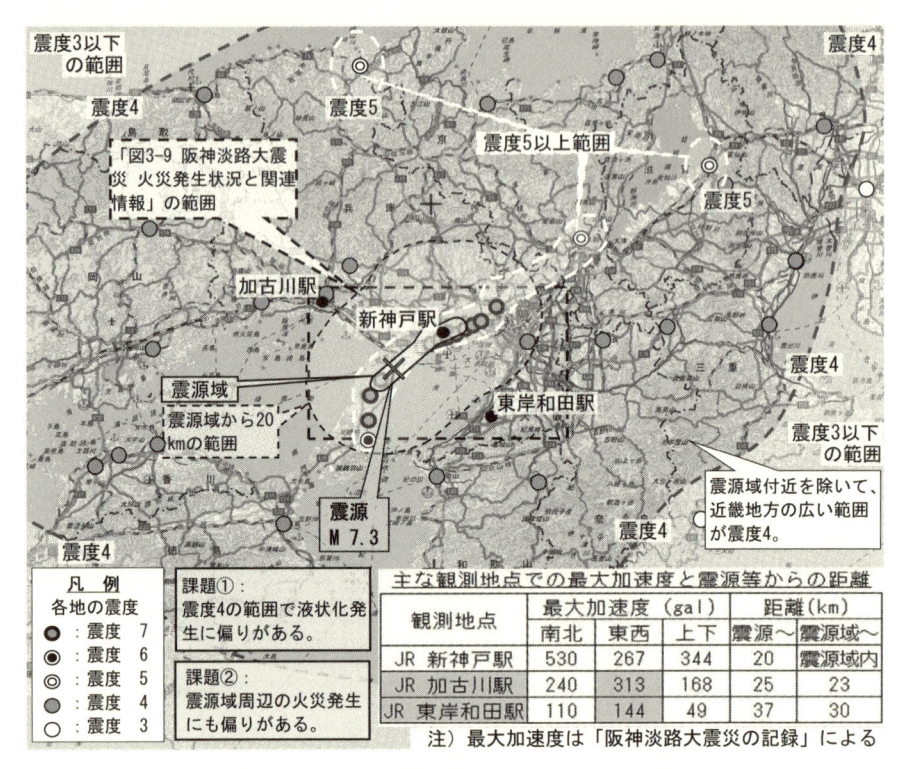

主な観測地点での最大加速度と震源等からの距離

観測地点	最大加速度 (gal)			距離 (km)	
	南北	東西	上下	震源〜	震源域〜
JR 新神戸駅	530	267	344	20	震源域内
JR 加古川駅	240	313	168	25	23
JR 東岸和田駅	110	144	49	37	30

注）最大加速度は「阪神淡路大震災の記録」による

図 3-11　阪神淡路大震災　震度分布と課題

現象の発生場所にも似た傾向があります。その概要は、前出の「図 3-9」の通りであり、震源域から離れた地域に焦点を当て、その特徴を記すと以下の通りです。

　震源域から 20 〜 40km離れた地域で、揺れは同程度だったにもかかわらず、液状化発生に大きな偏りがありました。具体的には、震源域の東側、大阪湾沿岸で、液状化が多く発生しました。特に、震源域から約 30kmの岸和田市の最大加速度は 144gal であったにもかかわらず、液状化が発生しました。逆に、震源域の西側、播磨灘沿岸では、液状化はほとんど発生しませんでした。特に、震源域から約 23kmの加古川市の同加速度は 313gal でしたが、液状化発生の危険度が極めて高い埋立地でさえほとんど発生しませんでした。

このような液状化発生の偏りは、現在の液状化理論では説明できません。地盤条件や揺れの大きさだけでなく、他の要因が関係していると考えざるを得ず、火災と同じく、地下からのガス噴出が大きく影響している可能性が高いと考えられます。

　阪神淡路大震災では大阪湾沿岸と播磨灘沿岸の比較的狭い地域（数十km四方程度）で、また、東日本大震災では関東地方と東北地方の広い地域（百数十km四方程度）で、液状化現象の発生に偏りがありました。その偏りは、各地域でのガス貯留量の違いによって生じている可能性が高く、地域ごと ―― 例えば1km²程度の広さ ―― の液状化発生状況とガス貯留量を比較対照することにより、その2つの関係が明らかになります。また、出火原因を不明とせず、その原因を出来る限り見直し、可燃性ガスが火災・爆発の原因であることが確認できれば、地震火災の発生しやすい地域は、液状化が発生しやすい地域であると判定できるようになると考えます。

　地下ガス貯留地域では、地下ガス噴出があり、その噴出は化学分野の一つ「気体の状態変化」によっていると理解しなければ液状化現象は手詰まり状態のままで、地震火災も不可解のままです。減災には地下ガス噴出の理解が欠かせません。

参考3-4：生きた体験談からの再検証の必要性

　過去、阪神淡路大震災より地震規模も被害規模も大きかった直下型地震は、濃尾地震・関東大震災等多数ありました。しかし、それらの事例でなく、阪神淡路大震災の事例で検証したのは、過去の大地震に比べ、詳細なデータがあって、筆者自身検証しやすかったこともありますが、それ以上に、被災体験者のいない過去の大地震は検証等に限界があるのに対し、この地震の経験者は多数いて、今後も、本書の内容の立証或いは反証が可能であると考えるからです。

　阪神淡路大震災は、現代を生きる私たちにとって、悲惨な地震でしたが、将来を生きる世代のためにも風化させてはならない地震です。過去の大地震の風化と同じように、最近起きた地震も風化しつつあり、体験者には語り継ぐだけでなく、記憶を呼び覚まし、埋もれそうな体験談を語っていただきた

いのです。また、直下型地震に限らず、東日本大震災のような海溝型地震で
も地下ガス挙動による被害が発生し、少なくない人が類似の体験をしている
と考えられ、同じように風化させることなく、語っていただきたいのです。

　ただし、このような被災体験のない方の中には、本書の内容に疑問を持つ
方がいると思います。その疑問に答えるためにも、新たな体験談が必要であ
り、その体験談は、本書の確かさ、或いは不確かさを明らかにし、未だ明ら
かでない地震現象の新たな解明に繋がると考えます。

参考3−5：液状化判定の調査

　液状化は地盤破壊であり、その判定には、「液状化対策技術検討会議・検
討成果〈前出〉」に「ボーリングデータが不可欠」と記されても、これまで
のボーリングデータとは、土粒子および地下水のデータであり、地下ガスは
対象外です。

　実際、我が国には「日本の地盤技術を担う専門家の集団」として、地盤工
学会があり、同会が定めている『地盤調査の方法と解説（公益社団法人地盤
工学会編）〈文献 3-12〉、以下「調査法」とする』での調査の主な対象は、土
粒子および地下水であり、地下ガスは地盤の環境保全等のための化学的調査
だけで、この「調査法」では、液状化に影響すると考えられる「ガス発生判
定」はできません。

　この「調査法」とは別に、それを補完する一つに『現場技術者のための地
質調査技術マニュアル（一般社団法人関東地質調査業協会編）〈文献 3-13〉』が
あり、関東地方の地盤にはメタンガスが貯留していること等から、そのマ
ニュアルの中に「地中ガス調査」があります。この調査は、地盤掘削時に地
盤からメタンガスが発生する可能性があって、工事中に爆発事故が起きる危
険性がある場合に実施されます。その目的は「ガス発生判定」であり、ガス
が溶けている地下水を採取し、採取後、そのガス濃度を測定する等により、
ガス貯留状況を評価することができ、そのための対策の検討に役立ちます
（参照：「図 3-12 地下ガス調査と地下ガスによる液状化判定の概要」）。

　地下ガスによる液状化判定のためには、従来の液状化判定、つまり「参考

３−１：液状化判定の不確かさ１」で記した「**地盤の強さ**」と「**地震により加わった力の強さ**」に、この「**ガス発生判定**」を加える必要があり、その判定概要は「図 3-12」の通りで、詳細は今後の課題です。

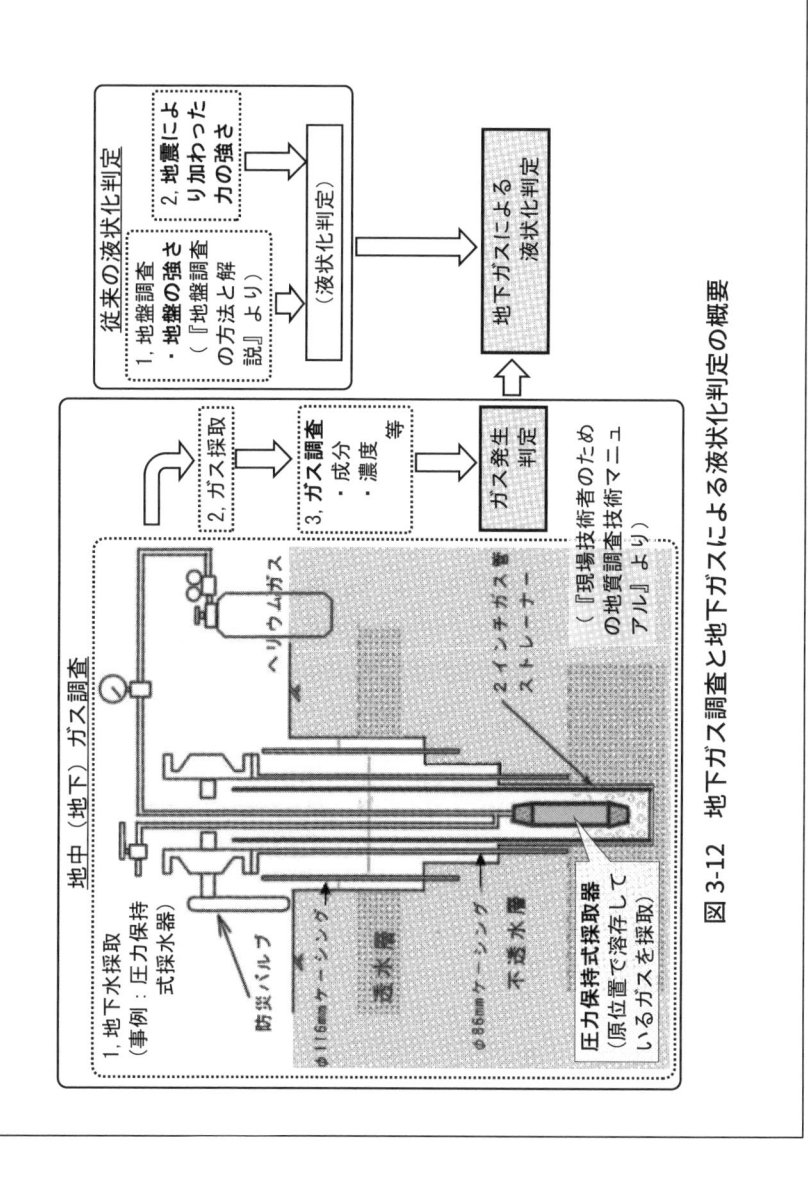

図 3-12　地下ガス調査と地下ガスによる液状化判定の概要

第4章

地下ガス噴出による地震予知

地震予知に関わる前兆現象は、昔から知られていて、予知への活用が試みられてきました。日本だけでなく、世界中、大地震のたびに、地震学者や関連する研究者、さらに一般市民によって数多く確認・報告され、「ナマズが騒ぐ」はその一例です。しかし、ほとんどは単発的で現在では非科学的と言われています。

▼4−1 前兆現象と地震予知

1）前兆現象

阪神淡路大震災時にも、沢山の前兆現象が確認され、その報告が『阪神淡路大震災前兆現象 1519 ！〈文献 4-1〉』にまとめられました。その概要は「図 4-1 阪神淡路大震災時の前兆現象の内訳」の通りで、「自然環境に見る異常」や「動物に見る異常」等多種多様で、その報告に基づき地震予知への活用が試みられましたが、震災から約 29 年経った現在、その試みへの関心は低くなっています。

2）地震予知

地震解明や予知研究は、地震被害低減のために、明治以降続けられています。特に、1960 年代頃から東海地震発生の可能性が指摘され、また、地盤変動等から地震予知が可能になると判断され、地震研究・観測は、国家事業として膨大な予算を得て進められました。しかし、科学的な地震解明は進んでも、予知の成果は得られず、現状では、その予知は困難と考えられています（参照：「表 4-2 地震と予知研究に関わる主要年表〈後出〉」）。

ただし、科学技術の進歩により、目視できない大気中のラドンガス濃度等の異常が地震発生前に観測され、それらは科学的な地震予知に活用できると判断され、研究は現在も進められています。しかし、大きな成果はなく未だ研究途上であり、

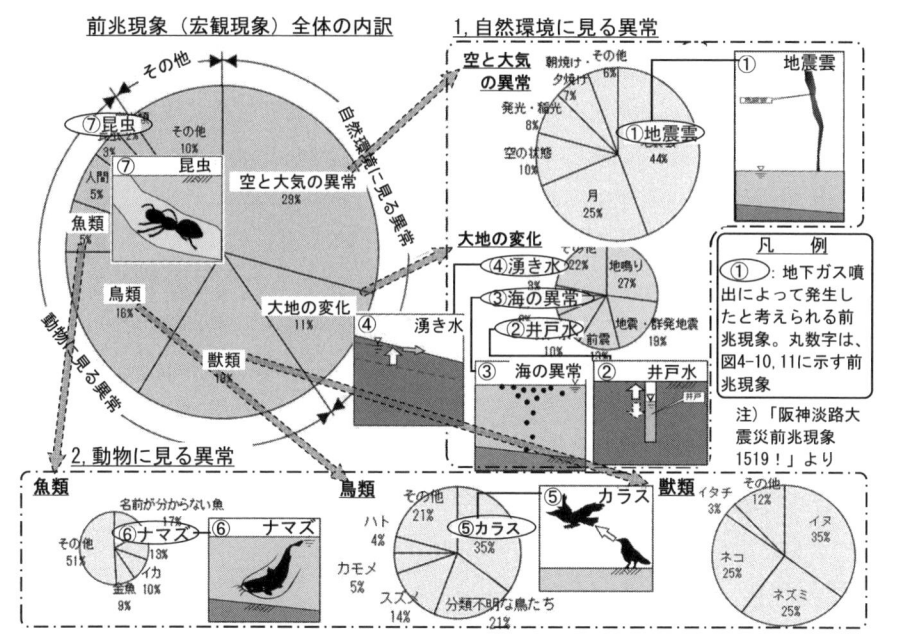

図4-1 阪神淡路大震災時の前兆現象の内訳

本書では取り上げません。なお、ラドンガス以外の気体、例えば天然ガスは、その噴出が論議の的になることはあっても、前兆現象の対象となっていません。

3）前兆現象の不規則性

なぜ、前兆現象への関心は低下しているのか。以前から言われていましたが、多種多様な前兆現象が不規則に発生し、地震との科学的関係性が明らかでなく、何が真の前兆現象か判断できないためです。

前兆現象とは別に、地震発生前に、地震時の大きな地盤変動と同じような小さな地盤変動が確認されており、その変動によって前兆現象が発生するのであれば、地盤変動と前兆現象は同一地域で発生すると考えられます。しかし、実際の前兆現象は地盤変動がほとんどない地域でも発生しており、その発生は時間的・場所的に不規則、つまり再現性も一般性もないことが、非科学的と言われる原因です。

・前兆現象出現範囲とその出現率

具体的事例として、阪神淡路大震災時の状況を記すと、次の通りです。

「図 4-2 阪神淡路大震災に伴う地盤変動〈文献 4-2 より〉」に記すように、地震時、水平変位約 25cm 以上の大きな地盤変動が兵庫県南部の震源域周辺（概ね楕円で長軸 70km 程度の範囲）で発生しました。それに対し、前兆現象発生場所が『阪神淡路大震災前兆現象 1519！〈前出〉』に記されており、「表 4-1 阪神淡路大震災時の府県別前兆現象報告数」の通りで、兵庫県南部以外の広い範囲で発生していて、大きな地盤変動と前兆現象の発生地域は一致していませんでした。

また、震源域で前兆現象が発生しやすいのでしょうが、最も報告数の多い兵庫県でも同表の通り人口 1 万人当り 1.24 件。必ずしも多くありませんでした。

なお、この報告はその著者らによって広く集められ、書名にも表れている通り報告数 1,519 通（1 通で複数の報告があり、総数約 3,000 件）の中で、一定の基準を満たした 1,711 件が前兆現象としてまとめられています。

・井戸異常と出現率

代表的な前兆現象に井戸異常があり、阪神淡路大震災時も「表 4-1」に記す通り報告され、その報告数は全国から 19 件で、兵庫県内で 9 件でした。兵庫県内

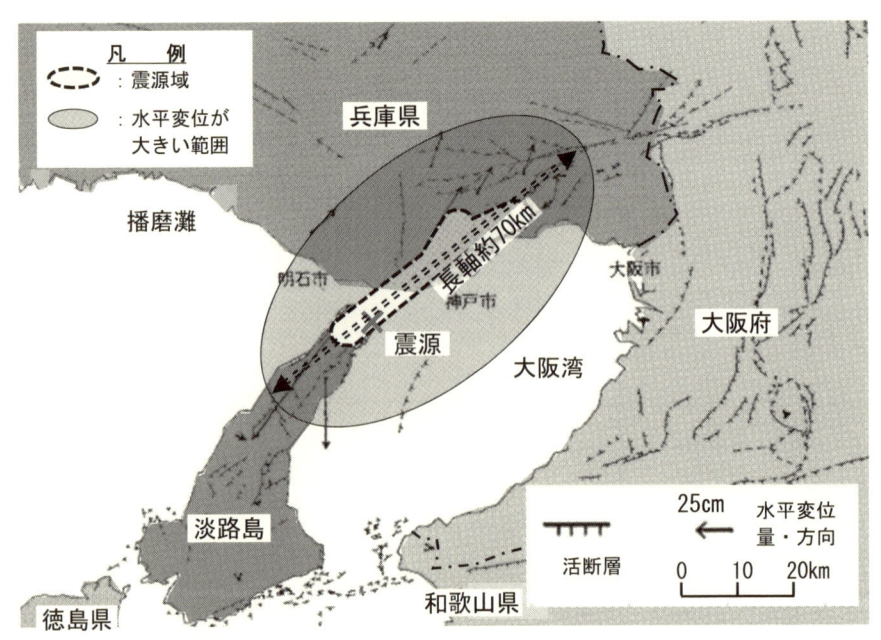

図 4-2　阪神淡路大震災に伴う地盤変動（水平変位）

表 4-1　阪神淡路大震災時の府県別前兆現象報告数 (計 1,711 件)

府県名 (報告比率 2%以上)	人口 (万人) 1995年当時	前兆現象の報告		井戸異常 報告件数	備　　考
		報告比率 (%)	人口1万人当 りの報告数		
兵庫県	540	39	1.24	9	震源域の兵庫県は、報告
大阪府	879	33	0.64	5	比率が高く、人口当たり
京都府	262	5	0.33	1	の報告数も多いが、1万
奈良県	140	4	0.49	0	人当たり1.24件の報告。
岡山県	195	2	0.18	0	≒ほとんどの人は気づか
上記以外	10,534	17	0.03	4	ず、その発生は多くない。
全国	12,550	100	0.14	19	

の井戸本数は「日本全国の地質地盤情報データベース (2008 年) 〈文献 4-3〉」によれば、1,794 本と報告されており、この本数をベースにすると、異常発生報告の割合は約 200 本に 1 本程度。この井戸異常の出現率も高くありませんでした。

　井戸異常を含めた前兆現象が、震源域で比較的多く発生しているのは事実ですが、その出現率の低さと、その不規則性を考えると、前兆現象は、単に地震前の地盤変動によって発生しているのでなく、地震が関係していても現在見落とされている別の科学的要因によっていると考えられます。そして、その要因は、地震後の二次災害の原因と同じように、地下ガス噴出であると考えられます。

　以下、これまでの地震予知の実態を記し、その後、前兆現象、特に井戸異常と地下ガス噴出との関係を記します。

4) 地震予知の実態
・地震予知の期待と諦め (参照:「表 4-2 地震と予知研究に関わる主要年表」)

　明治以降約 160 年間、大きな被害があった地震 (死者 1,000 名以上) は、12 回。平均すると十数年に 1 回。その中で特に甚大な被害があった直下型地震は、濃尾地震、関東大震災および阪神淡路大震災の 3 つで、各々の地震時、想定外の大きな被害が起きたことから、同表に記すように、国内の地震研究体制等が大幅に見直されました。現在は、阪神淡路大震災後に設置された地震調査研究推進本部 (文部科学省) が地震防災対策の推進を一元的に進めています。なお、阪神淡路大震災の 16 年後、東日本大震災が発生し、新たな課題が認識され、基本施策等が改定されましたが、この研究推進本部の基本的な役割は変わっていません。

表 4-2　地震と予知研究に関わる主要年表（明治以降）

年/時代	主な地震	地震研究体制	地震に関わる研究	
1870	注）太字の地震は（津波を含む）死者数 1,000人以上。12事例			前兆現象等、非科学的研究
1875		・1875年 内務省東京気象台（現気象庁）地震観測開始		
1880		・1880年 地震学会創設　科学的研究の開始		
1885　明治				
1890	・1891年 濃尾地震	・1892年 震災予防調査会設立		
1895	・1896年 三陸津波地震	研究：「地震予知方法の有無の研究」と「災害を最小に喰い止める方法」		
1900				
1905				
1910				
1915　大正			・1915年 大陸移動説	
1920	・1923年 関東大震災	同調査会　廃止		
1925	・1927年 北丹後地震	・1925年 地震研究所創設　同調査会への批判：観測偏重で、物理的解明からの乖離	寺田寅彦「地震だけを調べるのでは、地震の本体は分かりそうもない」と随筆で記す。	大陸移動説が進化
1930	・1933年 三陸沖地震			
1935	・1943年 鳥取地震		地震予知は地震学の目標。十分な観測実施により10年後に予知の実用化に答える。	地震原理が明らかにされる。
1940	・1944年 東南海地震	前兆現象として地盤変動を観測		
1945	・1945年 三河地震・1946年 南海地震			
1950　昭和	・1948年 福井地震	地震予知の必要性が高まる。		
1955				プレートテクトニクスの提唱
1960	・1964年 新潟地震		・1962年「地震予知 — 現状とその推進計画」	
1965	・1965年〜松代群発地震			科学的研究が進んでも予知は困難
1970		・1969年 地震予知連絡会設置		
1975		・1978年 大規模地震対策特別措置法　予知情報に基づき警戒宣言の発令	地震予知への期待が高まる	
1980				
1985				
1990				
1995　平成	・1995年 阪神淡路大震災	・1995年 地震調査研究推進本部設置「予知は困難」と結論。地震発生メカニズムの解明のための観測・研究が求められる。		
2000				
2005			地震予知への期待が諦めへと変化	
2010	・2011年 東日本大震災			科学的研究
2015		提唱：地震に高圧流体が影響		
2020　令和	・2020年〜能登群発地震		地震の揺れ以外の視点「地下ガス」は、地震予知だけでなく、地震の科学的解明につながる。	
2025				

また、1960年代頃より提唱されたプレートテクトニクス理論（前出）により、地震のメカニズムの解明が進み、その解明に前後して、1962年『地震予知－現状とその推進計画（通称：ブループリント）〈文献4-4〉』が公表され、その計画がベースとなって、地震予知観測が進みました。さらに、その結果を得て、警戒宣言の発令が可能と判断され、1978年、その発令を可能とする「大規模地震対策特別措置法（略称：大震法）」が公布され、地震予知の期待が高まりました。

その期待を受け、地震予知観測は大きな予算でほぼ計画通り進められました。しかし、大震法成立の17年後、地震予知の対象にもなっていなかった阪神淡路大震災が発生。さらに、東日本大震災も同様であったことから、地震予知は困難との判断が下され、今日では地震予知達成は期待から諦めへと変化しています。

ただし、地震予知は完全に不可能と諦められたわけでなく、地震大国である我が国にとって現在も最重要課題であり、地震調査研究推進本部の方針に従い、その研究は引き続き進められています。そして、その研究は、阪神淡路大震災等の予知が見逃されたことを踏まえ、「非科学と言われる前兆現象」でなく「地震発生メカニズム解明のための観測・研究」に基づくとされています。

・前兆すべりと予知のための観測

地震は「ナマズが起こす」などと、古くは言われていましたが、既に記しているように、「地球表面を覆うプレートの動き」によって発生します。そのプレート境界面で「前兆すべり」があり（参照：「図0-3 先発現象・地震・後発現象の関係概要図」）、その前兆すべりの発生は、地震発生直前に観測された地盤変動の観測結果から裏付けられ、地震予知のために観測が続けられています（参照：「参考4－1」）。

参考4－1：地盤変動観測結果と地震予知およびその条件

1944年12月、東南海地震発生直前に地盤の隆起が観測されました。その観測結果は「図4-3 1944年東南海地震における地盤変動の観測例〈文献4-5より〉」の通りで、その変動のポイントは「地震直前数日間の全隆起量が約20mmに対して、地震発生約1日前までの隆起量が約3mm」でした。

この地域の地盤は、当時、長期間沈下傾向にあり、地震発生前に、地盤が隆起に転じる現象が確認されていたため、上記のような現象を確認すること

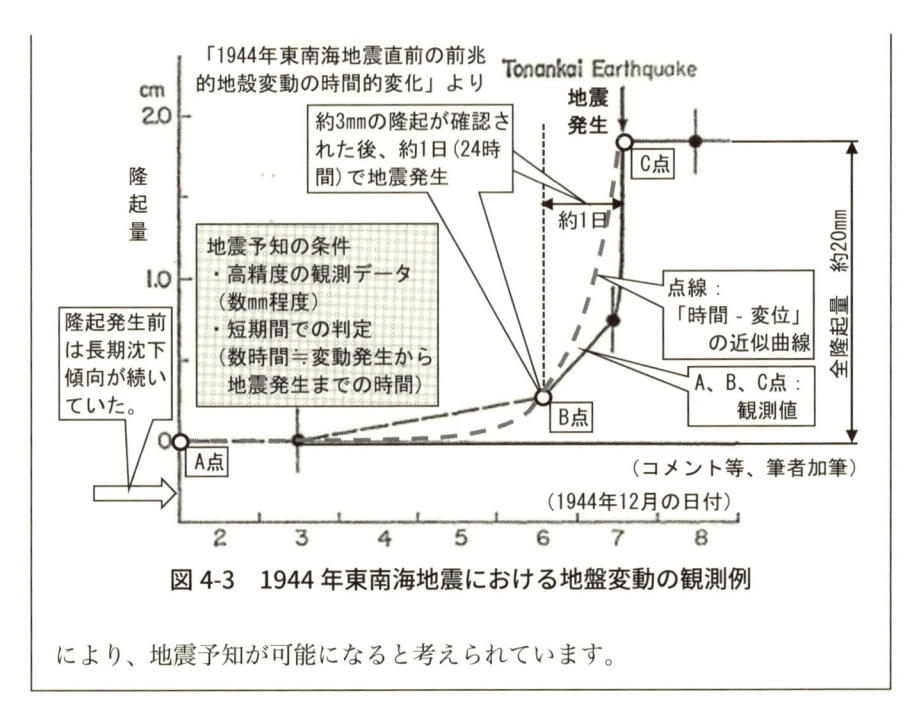

図4-3　1944年東南海地震における地盤変動の観測例

により、地震予知が可能になると考えられています。

　地震観測の目的は、地震のメカニズム解明とその規模を明らかにすることであり、その地震動の波形観測のために地震計が開発され、各地に設置されています。しかし、この観測の対象である地震動（＝揺れ）は、地震発生による現象であり、この観測は地震予知には役立たないため、この観測とは別に地震予知のための地盤変動観測等が続けられています（参照：「図4-4 前兆現象発生と地盤変動観測概要図」）。そして、この観測は、「いつ発生してもおかしくない」と考えられてきた東海地震（駿河湾等が震源域）を対象として、東海地方で始まり、現在、その観測網は全国に広がっています。

〈追記：令和6〈2024〉年能登半島地震と地震発生前の調査〉

　この地震発生の約3年前（2020年）から、関連する群発地震が続いていて、令和4（2022）年、文部科学省が「能登半島北東部において継続する地震活動に関する総合調査〈文献4-6より〉」に対し助成を行い、地震観測だけでなく多様な調査が実施されました。その調査の目的は「**地震活動の原因等の解明と今後の**

<u>防災対策に資すること</u>」であり、調査は翌〈2023〉年 3 月まで続けられました。

　そして、調査終了後の令和 6 年元日、この能登半島地震が発生しましたが、この地震に対して「もっと強く警鐘を鳴らすべきだった」等の専門家の反省の弁が報道されるだけで、実施された総合調査では「<u>防災対策に資すること</u>」は難しく、地震活動の調査方法そのものに見直しが迫られているようです。

▼4−2　現在の地震予知観測と課題

　地震予知のための観測は、大震法の成立から 40 年以上継続していても、地震予知ができたことはなく、それらの観測は調査・研究段階であると言わざるを得ません。「地下ガス噴出による地震予知」を記す前に、現在実施されている地震予知のための観測とその課題を記します。

1) ひずみ観測

　地盤にひずみ計を設置し、ひずみを観測し、そのひずみ変化より地震予知を判定します。

　「図 4-4 前兆現象発生と地盤変動観測概要図」は、地震予知のためのひずみ計の設置の一事例で、駿河湾周辺を想定震源域とし、その広い範囲に数多く設置されています。物理的には、前兆すべり面でのひずみが最も大きく、有効なデータを得るためには、その深さにひずみ計を設置する必要があります。しかし、観測機器設置のためのボーリング削孔可能深さは、現状、世界的にも深さ 10km 程度に対し、前兆すべり面は非常に深いため（10 〜 30km）、ひずみ計をその深さに設置することはできず、「<u>前兆すべり面のひずみが地表付近の地盤にもわずかに生じる</u>」との考えにより、地表付近に設置され、観測は続けられています。

・ひずみ計による予知の課題

　その設置深さは、現在、深い箇所で 600 m 程度と深くなっています。確かに、深い位置での観測の方が、ひずみを捉えやすいのでしょうが、地表と深さ 600 m で大きな違いはなく（仮にすべり面の深さを 20km とすると、富士山の高さの約 5 倍の深さで、600 m は 20km の 3％に過ぎない）、有効な予知判定ができるひずみ変化を捉えることは容易でなく、所管の気象庁も H.P. で「この方法での予測は困難」との考えを示しています。

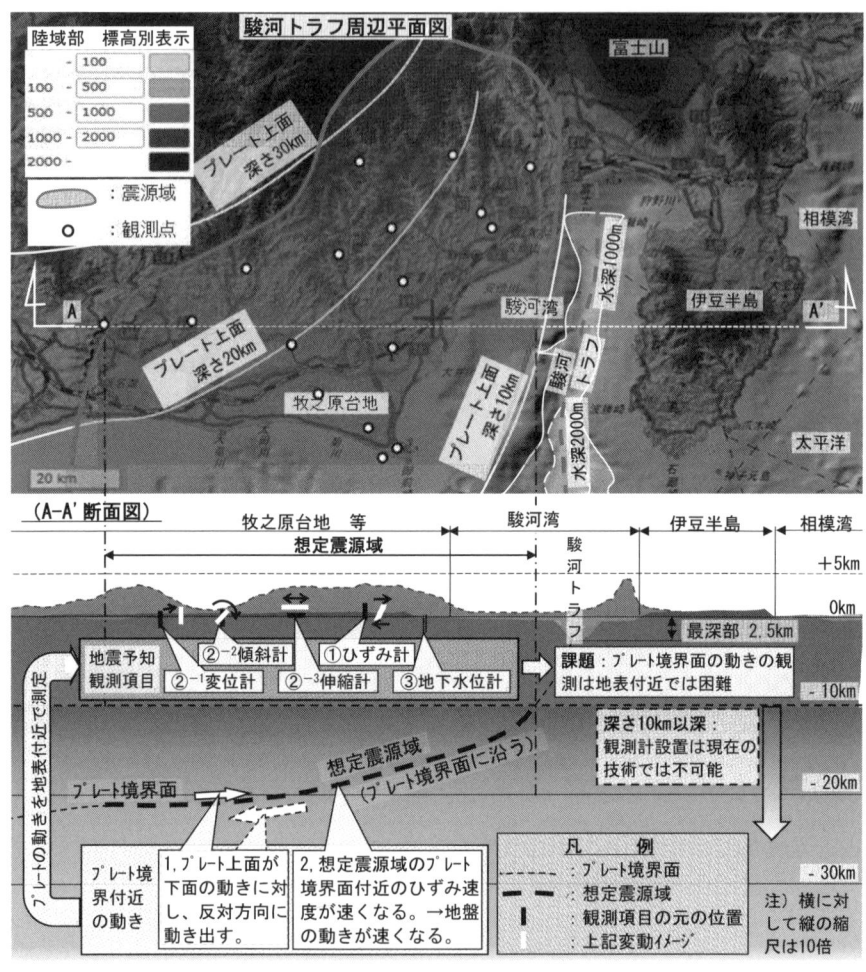

図 4-4　前兆現象発生と地盤変動観測概要図（東海地震想定の範囲）　口絵 8

２）地盤変動観測

　地盤に次の３種類の機器を設置し、各々の地盤変動を観測し、その観測値の変化より地震予知を判定します。

①変位計

　地盤の３方向（鉛直１方向と、水平は東西・南北の２方向）に変位計を設置し、その３方向の変位量を観測。

②傾斜計

　地盤に２方向（東西・南北）の傾斜計を設置し、その２方向の傾き量を観測。

③伸縮計

　間隔を開けた２点間に伸縮計を設置し、その間の地盤の伸縮量を観測。

　以上の３種類の方法は、前兆すべりによって生じる地盤変動の観測、つまり、前兆すべりの間接的な観測です。

参考４－２：地盤変動観測（変位計〈鉛直方向〉）**事例**

　上記観測項目の内、近年得られた変位計（鉛直方向）による観測事例を記します。この観測は、東海地震を対象に、掛川－浜岡および御前崎間で行われ、次の２つの方法が採用されています。

　①人の手による水準測量（高低差測量で、観測頻度：年に数回程度）

　②GPSによる連続測量（人工衛星を活用した座標測量）

　各々の観測データは、「高精度比高観測点（電子水準点）による東海地域の地殻変動監視について〈文献4-7〉」に記されていて、「図4-5　水準測量によ

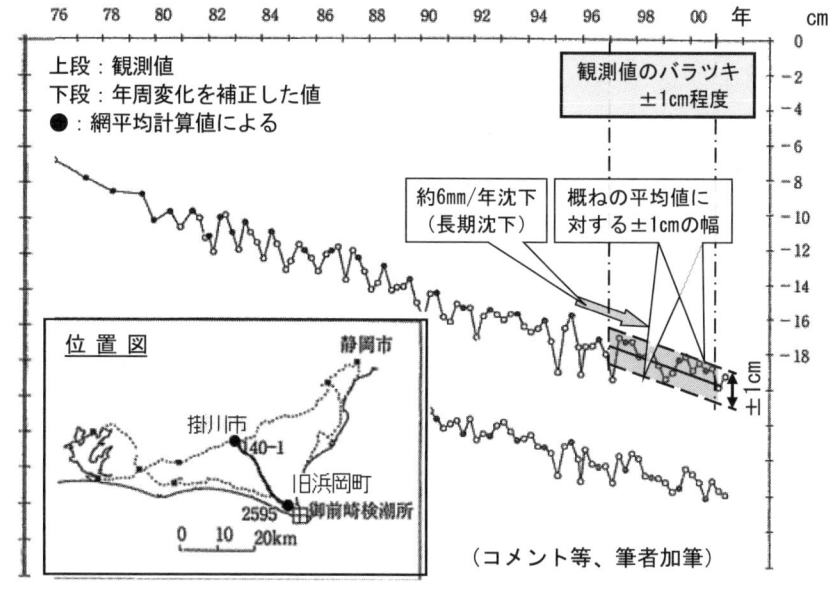

図4-5　水準測量による掛川を基準とした旧浜岡町の高さの時間的変化

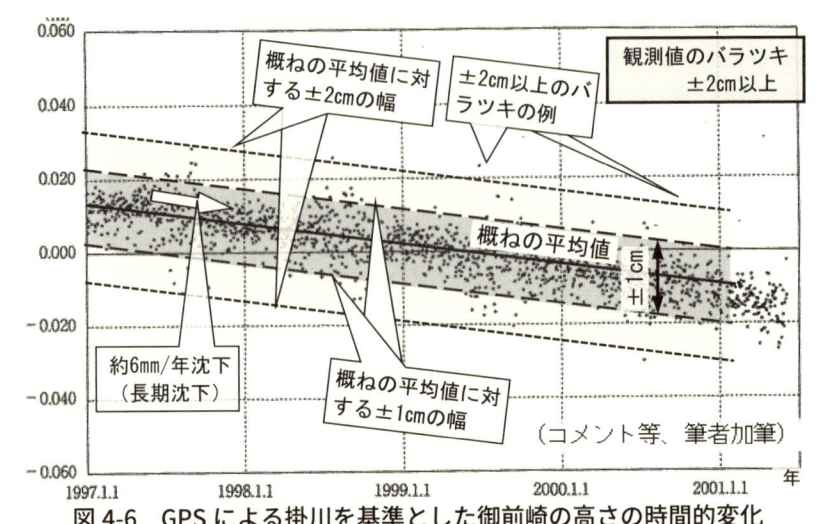

図 4-6　GPS による掛川を基準とした御前崎の高さの時間的変化

る掛川を基準とした旧浜岡町の高さの時間的変化」および「図4-6 GPS に
よる掛川を基準とした御前崎の高さの時間的変化」の通りで、2つとも同じ
ような観測結果「年間の鉛直変位は約6mm、ほぼ一様沈下」を示しています。
そして、「参考4－1」に記すように、この沈下が隆起に転じ、その隆起速
度が速くなる時に地震が発生すると想定されていて、この変動を捉えること
により、地震予知ができると考えられています。しかし、2つの図に示すよ
うに観測値のバラツキが大きく、これらバラツキは地震予知の判定を困難に
しています。

- **地盤変動観測と課題**

　「参考：4－2」に記す2つの観測値のバラツキは、人の手による水準測量で
は±1cm程度で、GPS による測量では ±2cm以上と大きな場合もあります。そして、
観測値の補正に要する期間は短くても数日です。

　一方、実際の地震予知判定には「参考4－1」に記すように、

　条件1：高精度の観測データ（数mm程度）

　条件2：短期間での判定（数時間≒変動発生から地震発生までの時間）

　が必要であり、現在のように観測値のバラツキが ±1cm以上で、かつ、観測値

の補正に長時間を要する方法では、地震予知判定はできません。

　地震予知に関連する文献で、「高精度」の用語が使われることがありますが、過去に比べて高い精度が得られても、地震予知ができるような高い精度は得られていません。予知判定のための観測技術等の革新は不可欠であり、多くの地点に地盤変動の観測機器を設置しても、その観測では、地震予知は不可能です。

3）地下水位観測

　地盤に地下水位計を設置して、地下水位を観測し、その変化より地震予知を判定します。前記２つの観測方法は、主に地震予知等のための観測方法であるのに対し、地下水位変化は色々な自然現象によっても発生するため、この観測は地震予知の目的以外でも広く行われている一般的な方法です。

・地下水位観測による判定

　一般的な方法であっても、この判定には、前記２つの観測方法と違って、不合理な点があります。それは、地震発生前の水位変化が、実際には大きい（数m程度、参照：「参考４－３：地下水位観測事例」）のに対し、科学的想定では小さく（0.01〜10㎝、参照：「参考４－４：地下水位観測による判定の困難さ」）、実際と想定の変化が大きく違っている点であり、この方法には課題があります。

参考４－３：地下水位観測事例

　昔から地震発生前後の水位変化の情報は沢山あっても、単なる目撃情報であったのに対し、近年、地下水位計が井戸に設置され、確かな水位変化の観測データが得られるようになりました。

　現在想定されている東海地震の震源域の近くで起きた伊豆大島近海地震（M7.0）発生前後に、「図4-7 1978年伊豆大島近海地震時に観測された井戸水位変化〈文献4-8より〉」に記す大きな水位変化のデータが得られ、過去の多くの目撃情報等が正しかったことが科学的に確認できました。得られたデータの具体的な主な特徴は「前兆現象として約１m、および地震直後に約7.5mの水位変化」であり、検証に活用できる貴重なデータでした。

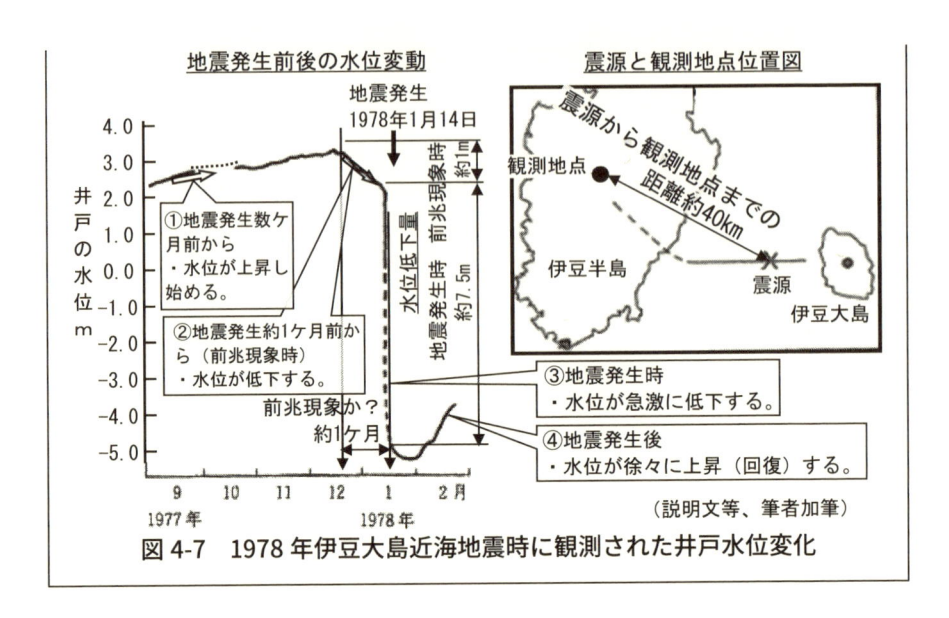

図 4-7　1978 年伊豆大島近海地震時に観測された井戸水位変化

　前記の「前兆すべり面のひずみが地表付近の地盤にもわずかに生じる」との考えを進めて、最近「地盤のひずみ変化が地下水位を変化させる」との考えが提唱されました。つまり、地盤のひずみ変化を直接観測できなくとも、

■ ひずみ変化と地下水位変化との関係
　地面が伸縮する（ひずむ）ことにより、地下水位が変化します。　たとえば、右図のとおりに、地下水のある深さで体積が $1m^3$ あたり $0.1cm^3$ 縮んだ場合、地下水位は場所によって $0.01〜10cm$ 変化します（Roeloffs, 1996）。この関係を使って、地下水位で地下のひずみを測定します。

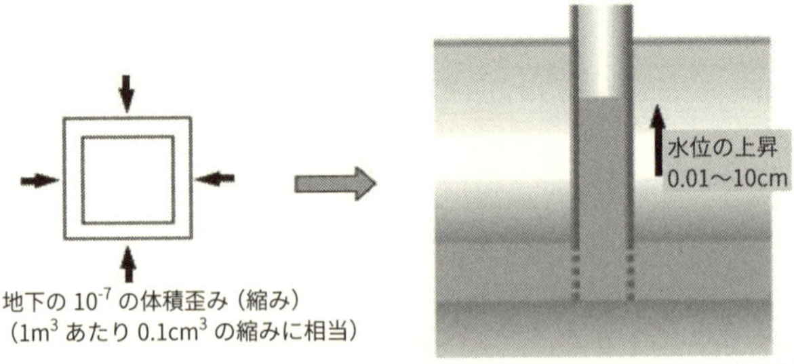

地下の 10^{-7} の体積歪み（縮み）
（$1m^3$ あたり $0.1cm^3$ の縮みに相当）

水位の上昇
$0.01〜10cm$

産業技術総合研究所　地質調査総合センターH.P.「地震に関連する地下水観測データベース "Well Web"」より

図 4-8　ひずみ変化と地下水位変化の関係

地下水位の観測により、地盤のひずみが明らかになり、地震予知が可能になるとの考えです。その概要は産業技術総合研究所のH.P.〈文献 4-9〉に掲載されていて、「図4-8 ひずみ変化と地下水位変化の関係」の通りです。

ただし、前兆現象時の実際の水位変化量とこの考えによる水位変化量は、乖離が大きすぎ、この考えによる予知判定は、次に記すように困難です。

・**乖離について**：前兆現象時に生じる井戸水位変化は目視で確認でき、大きければ数mであるのに対し、ひずみ変化による理論上の水位変化は「図4-8」の通り $0.01 \sim 10$ cmで、前兆現象時に生じるような大きな水位変化はこの理論では生じず、2つの水位変化の乖離が大き過ぎます。

・**予知判定の困難さ**：地下水位変化は、地震の前兆だけでなく、他の多くの要因——降水・潮位・人為的揚水等——により生じ、かつ、それら要因による水位変化は大きく、上記「 $0.01 \sim 10$ cm」を容易に超えます。そのため、水位観測値は直接利用できず、各地点で全ての要因による日々の水位変化量を分析・算出し、それら変化量を減じて漸く予知判定のためのデータとなります。しかし、そのような分析・算出は技術的に容易でなく、上記関係が科学的に正しくとも、この関係に基づく地震予知は現状困難です。

・井戸異常と地震予知判定の見直し

前記2つの観測は、地震のメカニズムに基づいているのに対し、地下水位観測の発端は、地下水位変化が地震の前兆現象として確認されていたことであり、地震のメカニズムに基づいていませんでした。

阪神淡路大震災以降、非科学的と判断された前兆現象は見直しを迫られ、前兆現象の一つである地下水位変化に、科学的根拠が求められました。その結果「図4-8」に記す新たな考えが提唱され、地震予知のための観測が続けられていますが、この関係に基づく地震予知はほぼ不可能であり、見直しが必要です。

本書のポイントである地下ガス噴出による井戸異常発生は、地震のメカニズムに基づくと考えられ、上記の「地震動と地盤ひずみ変化」の関係でなく、「地震動と地下ガス噴出」の関係に基づき、地下水位異常だけでなく、関連する他の井戸異常も観測の対象とすることにより、地震予知が可能になると考えられます。

参考4-5：地下水位観測事例からの地下ガス挙動の推測

　これまでは観測機器の性能が十分でなく、地震と地下水変化の関係は明らかでありませんでした。しかし、近年「図4-7」のようなデータが得られるようになり、地震と地下水位変化の関係が明らかになるだけでなく、地下ガス噴出との関係も推測できるようになりました。同図より、地震前後を次の4つの時期に分け、一部仮定を加えて、それら変化状況を推測すると以下の通りです。

①地震発生数ケ月前からの水位上昇

　地盤ひずみ速度の変化等により遊離ガスが発生。そのガスは地盤内を浮上する（仮定：不透気層下でガスの浮上が止まり滞留。滞留量の増加により気体圧が増加、合わせて水圧も増加。地下水位も徐々に上昇する）。

②地震発生約1ケ月前からの水位低下（前兆現象時）

　地震発生前、ひずみ速度が速まり、その速まりにより遊離ガス発生量も増加する（仮定：ガス滞留量も増加し、滞留範囲が水平に広がり、ほぼ鉛直に伸びる砂脈等の地盤弱部に達すると、ガスがその弱部に沿って浮上し地表へ噴出。ガス滞留量が減少に転じ、気体圧・水圧が減少。地下水位も低下する）。

③急激な水位低下（地震発生時）（仮定：瞬間的な水位上昇を含む）

　地震発生時、地震動により急激に多量の遊離ガスが発生し、不透気層下の気体圧・水圧が急激に増加。圧力の増加したガスおよび地下水が、土砂を流出させながら、地盤弱部をさらに弱体化（透水性が大きくなる）させ、一気に噴出。結果として、気体圧・水圧が急激に減少。地下水位も大きく低下する。

④水位上昇（回復）（地震収束後）

　地震発生後、降水等の自然条件により、雨水等が地層内に浸透し徐々に水位が上昇（回復）する。

　この推測の適否を、現状のデータから判断することはできませんが、このような地下水位変化データと共に関連する他の井戸異常データを得て、分析することにより、地震現象と井戸異常の関係性が解明できると考えられます。

▼4-3 地下ガスと前兆現象

1）前兆現象発生と諸条件

　前兆現象の原因となる地下ガスは、地球表面を覆うプレートの動きに従って「図4-9 前兆現象発生経緯とその発生の不規則性」に示すように、ガス田等で発生しやすく、その後、地盤弱部を通って噴出し、かつ、これまで報告されている他の多くの前兆現象も、このガス噴出によって起きていると考えられます。

　「参考4-5：地下水位観測事例からの地下ガス挙動の推測」では、地下水位変化と地下ガス挙動の関係性を推測しましたが、以下、プレートの動きと地下ガス噴出の関係、さらに前兆現象との関係について記します。

①通常、上下2枚のプレートは同方向に動いていますが、その境界面のひずみが限界に達すると、プレート上面が反対方向に動き出します。

②その動きにより、震源域付近のひずみ速度が速まります。それは、地盤が揺れるのと類似で、地盤に微動が生じます。

③その付近の地盤（ガス田等）の地下水にガスが多く溶けている（飽和状態）と、地盤の微動により、ガスが発生します。

④発生したガスは地下水の浮力を受け浮上。ガスは浮上により体積が膨張し、浮力を大きくしながら、砂脈等の地盤弱部の限られた箇所等から、その地盤弱部

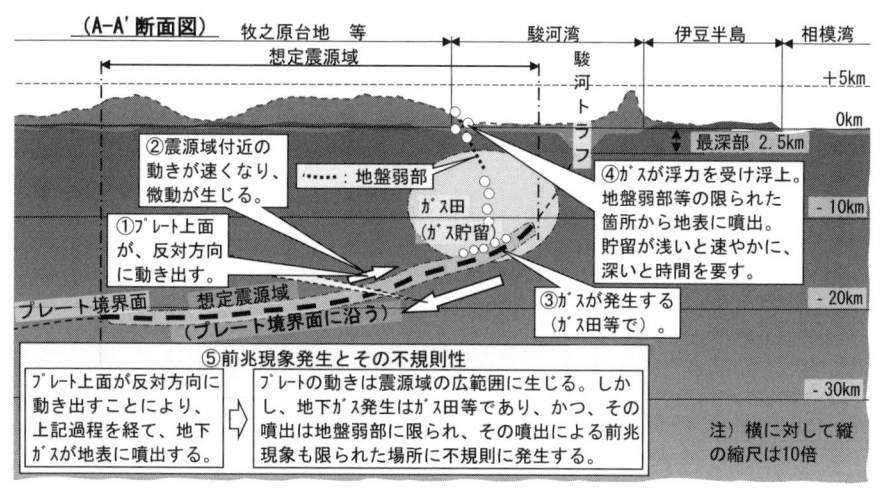

図 4-9　前兆現象発生経緯とその発生の不規則性（東海地震想定の断面）

等の条件に従って、速やかに、または時間を要して、地表に噴出します。

⑤地表へのガス噴出が多様な前兆現象を起こしますが、場所的・時間的に不規則に発生。前兆現象の不規則性は地下ガス噴出の不規則性によっています。

　地下ガス噴出の不規則性は、地盤等の不均一性が関係していて、主な原因は、地下ガス貯留が２つ、地盤そのものが１つ、計３つです（参照：「図4-9」）。

①$^{-1}$ 地下ガス貯留の不均一性（例えば、ガス田地域か否か）

　地下のガス貯留は不均一です。例えば、ガス田地域には、高い飽和度のガスが貯留しており、地盤変動等で容易に多量のガスが発生します。逆に、非ガス田地域には、低い飽和度のガス貯留しかなく、発生しにくく発生しても少量です。

①$^{-2}$ ガス貯留深さ（ガス田の深さ）

　ガス貯留深さが浅ければ、地表までの距離は短く、地盤は比較的緩いため、ガスは浮上しやすく地表へ速やかに噴出。一方、貯留が深ければ、同距離は長く、地盤は比較的締まっているため、浮上しにくく地面への噴出に時間を要します。

②地盤そのものの不均一性

　地盤は多様な地層（主に水平）で構成され、また、地層中に断層・砂脈等の弱部（主に鉛直）があり、ガスが弱部の近接地で発生すれば、地表へ速やかに噴出し、逆に弱部の非近接地で発生すれば、地表への噴出に時間を要します。

　また、弱部が沢山あれば、ガスはそれら弱部から分散して噴出するため、各噴出箇所からの噴出量は相対的に少なくなります。逆に弱部が少ないと、限られた箇所でしかガスは噴出しないため、限られた箇所から多量のガスが噴出します。

　現状、前兆現象を発生させるガス噴出は不規則で、その噴出の予測は、ほとんど不可能です。予測を可能にするためには、上記条件を考慮した観測を行い、地下ガス貯留条件と地盤条件および地下ガス噴出との関係性等の科学的解明が必要で、その解明によって、この前兆現象が科学の一分野として確立されます。

２）多様な前兆現象とその発生原因の違い

　前兆現象は多種多様であり、大きく「自然環境に見る異常」と「動物に見る異常」に分類され、両方とも地下ガス噴出の影響を受けていることは同じでも、大

きな違いがあります。自然環境に見る異常は主にガス噴出量が関与しています。一方、動物に見る異常は噴出量にもよりますが、ガスの性状、特に対象となる動物への有害性が関与しています。つまり、無害であれば多量でも異常は生じにくく、有害であれば少量でも異常が生じます。

　以下、ガス噴出がどのように前兆現象に関係しているか、これまでの人と地下ガスとの関りを交えながら記します。

・自然環境に見る前兆現象

　（参照：「図 4-10 地下ガス噴出による『自然環境に見る』前兆現象の発生概要図」）

　自然環境では、地下ガス噴出が多量であれば大きな影響があり、少量であればほとんど影響せず、気づかれることもありません。

　地盤には地下水があり、地下ガス発生の影響は、先ず、地下水に現れます。多量のガス発生は、多量の地下水を地表に向かって大きく押し上げ、地下水位が上昇し、湧き水が生じます。

　その後、地下ガスは地表に噴出し、大気中に拡散されてしまえば、異常はほとんど生じません。しかし、地中の密閉空間に噴出すると、その空間の濃度が急変し、次の「動物に見る前兆現象」に記すように、そこに棲む動物に影響します。

　また、海・湖沼等で水底からガスが噴出すると、水底面付近の土砂を巻き上げ、水を濁らせます。さらに、水分を多く含んだガスは、大気中上昇時、水分が冷やされ、水滴となって現れ、一筋の雲になると考えられます。

　特に、井戸には顕著な異常が多く現れます。なぜなら、井戸は、地下水や地下ガスを採取するために地盤に掘った孔で、地盤弱部そのものであり、地下ガス発生の影響を受けやすく、深いほど地下深部の影響を容易に受け、その異常現象が顕著に現れます。それは井戸が有する特徴です。「はじめに」でも記した 2022年の北海道長万部での「水柱」の噴出は、昔掘られた井戸跡からのガス噴出であり、井戸が地下の影響を真っ先に受けることを示す典型的事例です。後述しますが、井戸のこのような特徴を生かして、地震予知に活用することも可能です。

・動物に見る前兆現象

　（参照：「図 4-11 地下ガス噴出による『動物に見る』前兆現象の発生概要図」）

　一方、動物はガスの噴出量よりも有害性の影響を受けやすく、例えば、巣穴などの密閉空間に有害なガスが浸透すると、そのガスに反応し一斉に巣穴から這い

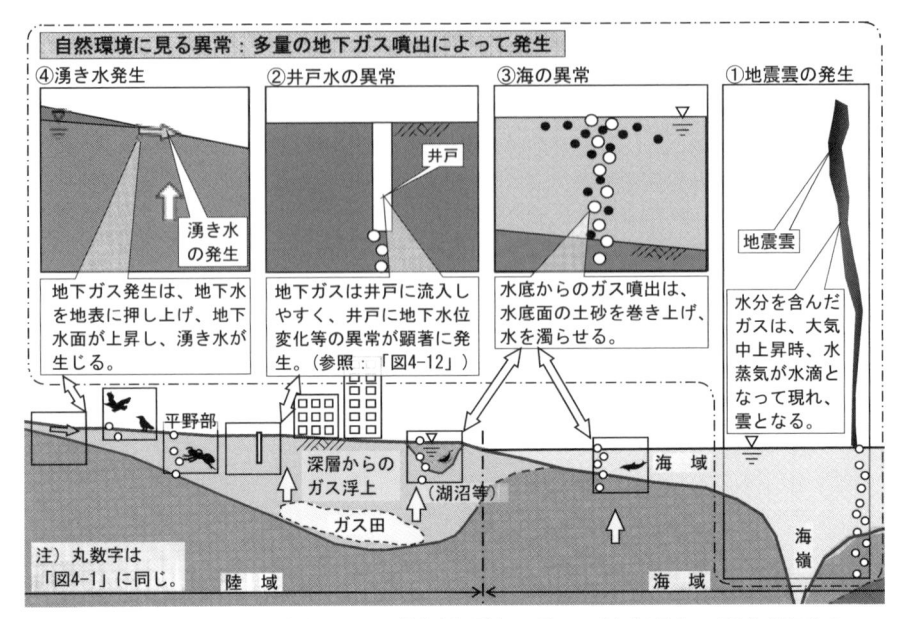

図 4-10　地下ガス噴出による「自然環境に見る」前兆現象の発生概要図

出る等の異常行動を起こします。しかし、私たちはその行動を理解できず、原因不明の異常行動として見ているだけです。さらに、極端な例も考えられます。人間がメタンガスを臭気で感じられないように、その動物がガスの有害性を感じられないと、そこに棲む動物は、逃げることなく死に至ります。その場合、私たちは巣穴で生じた異常に気づかず、稀に気づいても原因不明です。

　昔、ガス検知器がなかった時代、炭鉱内でのガス噴出を検知するために、カナリヤを籠に入れ、坑内に持ち込みました。カナリヤはガスに反応し、異常行動を示すことが知られていて、そのカナリヤの特性を利用していました。また、私たちの身近にいるゴキブリも同じように国外で利用されたことがあり、反応するガスの種類は各動物によって異なるのでしょうが、各動物が、カナリヤ同様ガスを敏感に感じていると考えられます。

　さらに、この前兆現象の特徴的な点は、同じ動物が同じような環境にいても、全く違った異常行動を示すことで、その原因は、隣接した同種の複数の井戸が全く違った異常を示すのと同じで（井戸については後述）、巣穴（井戸）近くの地盤弱部の有無が関係していて、巣穴へのガス浸透の違いによっています。具体例で

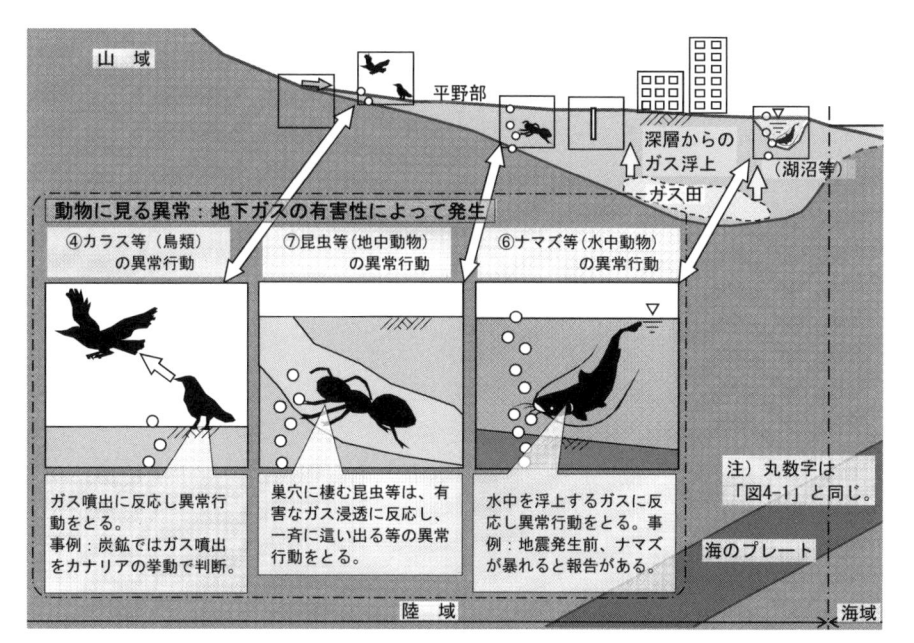

図 4-11　地下ガス噴出による「動物に見る」前兆現象の発生概要図

説明すると、同じような 2 つの巣穴に、同種の動物が棲んでいても、一方の巣穴近くに地盤弱部があり、ガスがその弱部を経て巣穴に浸透し、巣穴の濃度が急変すれば、そこに棲む動物は異常行動をとりますが、もう一方の巣穴近くに地盤弱部がなく、地下ガスが巣穴に浸透しなければ、平穏に棲んでいるだけです。

・人と地下ガスとの関わりと課題

　人工的につくられたトンネル坑内は、温度変化が小さい等、その環境は安定しているように思われますが、巣穴等と似たように密閉された空間であり、地下ガス浸透等によりガス濃度は急変し、事故が起きる可能性があります。トンネル坑内は、その対策の一つとしてファンで換気し、空気濃度等の急変を防いでいます。特に、掘削中のトンネル先端は密閉性が高く、ガス噴出による事故が起きやすいため、その対策として、大規模なファンで坑内を強制換気し、また、坑内の濃度を監視し急変に素早く対応できるようにしています。

　一方、動物の巣穴には、このようなファンの設備はなく、動物は環境変化の危険にさらされています。実際、昆虫を小さな容器に入れ、その容器内に有害なガ

スを浸透させると、昆虫はガス濃度変化を感じ、異常な行動を起こします。この行動は「動物に見る異常」であり、私たちは地下ガス噴出による巣穴等の濃度変化を理解できず、その濃度変化の結果として現れていた「動物に見る異常」を、非科学的な前兆現象として見ているのです。

　現状では、動物が気体の有害性に従って異常行動をすると考えられるだけですが、「動物に見る異常」を真の前兆現象と捉えるためには、例えば、人間は通常酸素濃度21％に対し、16％（濃度変化5％）で呼吸・脈拍が増えることが分かっているように、噴出が想定される気体の濃度変化に対する各々の動物の反応を調べ、その関係性を明らかにしなければなりません。その関係性に基づき、身の周りで起きる「動物に見る異常」を前兆現象として観察することにより、科学的な地震予知方法の一つとして、活用可能になると考えます。

　地下の巣穴・トンネル坑内等に比べて、地上ではガス噴出事故が起き難いのは明らかですが、地上でも多量のガス噴出があると、地下と同じように環境が急変し、事故が起きます。地震火災はその事故の一つであり、私たちの暮らしはほとんど地上でも、地下にガス田があることを正しく理解し、万一に備えたガス噴出事故防止対策は必須です。

▼4－4　井戸異常に見る多様な前兆現象

　地震前の沢山の異常は、「前兆現象」と言う用語でひとまとめの現象として扱われるだけで、その各々のメカニズムは議論されず、前兆現象は非科学的で、検証の対象として価値が低いと評価されています。特に、近年「地震予知は困難」と考えられるようになり、その検証はほとんど進展していません。そもそも、前兆現象とは多種多様であり、ひとまとめに検証することはできず、各々の課題を個々に検証し、その結果に基づき、共通性を検証しなければなりません。

　数多くある前兆現象の中から、ここでは、具体的な異常事例が多い井戸に焦点を当て、その異常発生原因を地下ガス噴出の視点から科学的に記します。

1）多様な井戸異常

　地震前後に、井戸には水位変化以外にも関連する多様な異常があり、『阪神淡

路大震災前兆現象 1519 ！〈前出〉』にも、次の井戸異常の報告がありました。

①砂が混ざったように濁る。

②井戸からモヤが立ち込める。

③地下水温が上昇する。

④（井戸水の出が悪く）空気が混ざって「ガボガボ」と音を立てる。

　これら異常が、単なる地盤変動によって発生したと理解することはできません。また、発生原因は何か？　これまでその仮説さえありませんでした。

・井戸異常発生原因の仮説

　以下、今後の検証は不可欠ですが、上記4つの発生原因を記します。

①砂が混ざったように濁る。

　仮説：地下ガスの挙動により、地下水の井戸への流れが速くなり、その速い流れによって、砂が井戸内に混ざって流れ出て、井戸水が濁る。

②井戸からモヤが立ち込める。

　仮説：地下ガス中に水分が気体で含まれていて、ガスが井戸から大気中に噴出後、そこに含まれていた水分が冷され、モヤ（水滴）が立ち込める。

③地下水温が上昇する。

　仮説：地下ガスの井戸内への流入に伴い、地下水も井戸内に流入する。その流入する地下水の水温が高いと、井戸内の水温が上昇する。

④（井戸水の出が悪く）空気が混ざって「ガボガボ」と音を立てる。

　仮説：空気と表現されるだけで、実際は、空気でなく地下ガスが地下水に混ざり、その流れが悪くなるように「ガボガボ」と音を立てる。

参考4－6：擬音語「ガボガボ」・「ごぼごぼ」とは

　「ガボガボ」と類似の擬音語に「ごぼごぼ」があり、『現代擬音語擬態語用法辞典〈文献 4-10〉』の「ごぼごぼ」の用例に「**地盤が液状化して、ごぼごぼと噴き上げた**」とあって、その解説に「**かなり大量の液体が気体と混ざって連続して立てる濁った音や様子を表す**」とあります。液状化現象の目撃者は、噴き上げる水を見ても、地下ガスを深く意識できず、聴覚（音）又は視覚（様子）で地下水に地下ガスが混じっていると感じ、「**ごぼごぼ**」或いは「**ガボガボ**」と表現していると思われます。

揺れは、建物を破壊し、全ての人に恐怖を感じさせ、脳裏に焼きつかせ、研究対象になったのに対し、ガス噴出は、一部の人に「**ごぼごぼ**」と感じさせるだけで、これまで疑問視されず、研究対象にならなかったようです。

2）井戸異常の不規則性

　地下ガスは広い範囲に貯留していても、井戸の水位変化は局所的に発生します。一例として『昭和21年南海大地震調査報告　水路要報〈文献4-11〉』にも「**局所的に水位上昇した所やかれた所が認められた**（場所：徳島県牟岐町)」と記されています。さらに、水位変化以外の井戸異常も不規則に発生し、井戸異常発生の原因だけでなく、その不規則性の原因も不明です。

　地下ガス噴出の不規則性は、地下ガス貯留等が関係し、3つの原因があると既に記しましたが、井戸異常の局所的発生の原因は、地盤の不均一性、特に、井戸に近接する地盤弱部の有無にあります。その概要を「図4-12 井戸異常の局所的発生の経時変化図」に示しますが、ポイントは以下の通りです。

　1、初期条件：

　　類似の井戸が2本隣接してあり、1本の井戸（近接井戸）は砂脈等の地盤弱部に近接し、もう1本の井戸（非近接井戸）は地盤弱部から離れている。

　2、前兆現象発生（ガス噴出前）時の井戸異常の局所性：

　　地下でガスが発生すると地下水中を浮上し、膨張する。ガスは地下水を地表に向かって押し上げ、特に、ガスは地盤弱部を経由して、「近接井戸」に流入するため、井戸およびその周辺の水位が上昇。一方、「非近接井戸」へのガス流入はなく、水位変化等、異常は起きません。

　3、前兆現象終了（ガス噴出）時の井戸異常の局所性：

　　「近接井戸」からの地下ガス噴出終了時、ガスが井戸内の地下水を一時的に押しのけ、井戸内および土砂の間隙は水がガスに置き換わり、水位が急激に低下。一方、「非近接井戸」では水位変化等の井戸異常はほとんど起きません。

3）井戸異常は地震現象のシグナル

　井戸の水位は、降水・潮位等によって変化し、普段の生活に影響するため、私たちは、その変化に高い関心を持ち、変化に応じて暮してきました。特に、地震

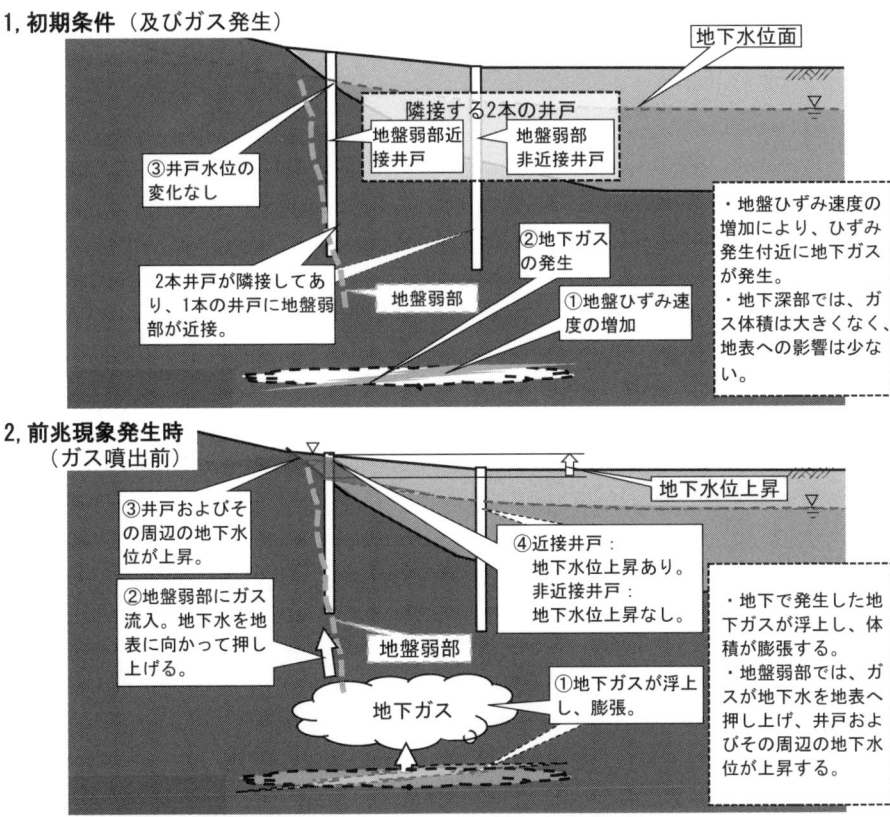

1, 初期条件（及びガス発生）

地下水位面

隣接する2本の井戸

地盤弱部近接井戸 / 地盤弱部非近接井戸

③井戸水位の変化なし

2本井戸が隣接してあり、1本の井戸に地盤弱部が近接。

地盤弱部

②地下ガスの発生

①地盤ひずみ速度の増加

・地盤ひずみ速度の増加により、ひずみ発生付近に地下ガスが発生。
・地下深部では、ガス体積は大きくなく、地表への影響は少ない。

2, 前兆現象発生時（ガス噴出前）

③井戸およびその周辺の地下水位が上昇。

②地盤弱部にガス流入。地下水を地表に向かって押し上げる。

地盤弱部

地下ガス

①地下ガスが浮上し、膨張。

地下水位上昇

④近接井戸：地下水位上昇あり。非近接井戸：地下水位上昇なし。

・地下で発生した地下ガスが浮上し、体積が膨張する。
・地盤弱部では、ガスが地下水を地表へ押し上げ、井戸およびその周辺の地下水位が上昇する。

3, 前兆現象終了時（ガス噴出）

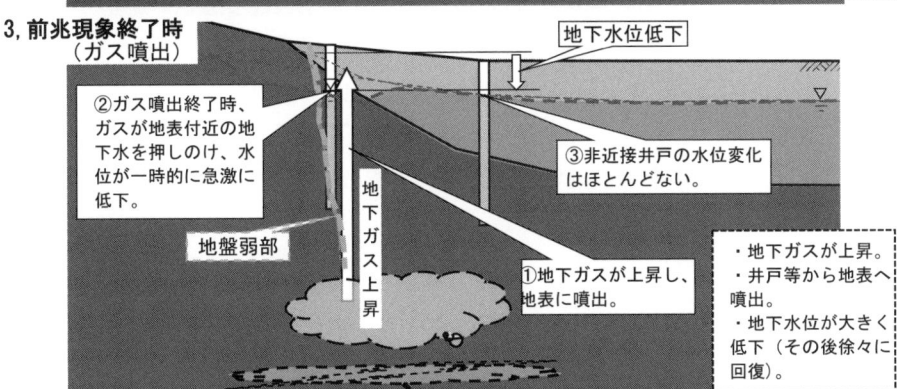

②ガス噴出終了時、ガスが地表付近の地下水を押しのけ、水位が一時的に急激に低下。

地盤弱部

地下ガス上昇

①地下ガスが上昇し、地表に噴出。

地下水位低下

③非近接井戸の水位変化はほとんどない。

・地下ガスが上昇。
・井戸等から地表へ噴出。
・地下水位が大きく低下（その後徐々に回復）。

図 4-12　井戸異常の局所的発生の経時変化図

時に、急激な水位や水質の変化があり、最悪の場合、井戸が土砂で埋まり使用できなくなる等、その異常は生活に大きく影響し、その対策は必須でした。

しかし、地震と井戸異常の因果関係は明らかにされず、科学が未発達の時代から、その事実だけが後世に語り継ぐべき記録として残されたようです。その因果関係は現在も不明で、解明・対策への糸口さえなく、その解明はさらに困難になっています。その理由は、次の通り、私たちの井戸との関り方にあります。

現在も井戸が生活に欠かせないことに変わりはなく、最近でも全国で約5.7万本（「日本全国の地質地盤情報データベース〈前出〉」の「井戸情報」より）が使われています。しかし、最近の井戸径は小さく（直径15cm程度）、その水面を観ることはできません。また、戦後、大きな径（直径1m程度）の井戸が使われていて、その水面を観ることができましたが、現在では使われていても安全上の観点からその上部は蓋がされ、小さな径の井戸同様その水面を観ることができません。そのため、現在では井戸の日常の変化を観ることも、また、地震と井戸異常の関係性に視線が向けられることもほとんどありません。

大地震発生時も同じような状況があります。阪神淡路大震災前に起きた大地震（死者数1,000名以上）は1948年の福井地震であり、その頃までは地震時の井戸異常は「参考4−7：井戸異常調査報告と課題」に記すように詳しく報告されていました。しかし、近年、井戸の日常の変化を観ることがなくなったように、地震時の井戸異常報告は少なく、地震と井戸異常の関係性は軽視されています。

参考4−7：井戸異常調査報告と課題（過去の福井県の事例）

　地震時の被害調査の対象は、時代と共に変わってきています。近年、交通・エネルギー・通信等のインフラが高度に発達し、それらの被害調査に重点がおかれていますが、戦後の高度成長期を迎えるまでの主なインフラは、鉄道・道路・水道等であり、当時それらの被害調査が行われました。特に、水道の設備の一つである井戸は生活に密着していて、必要不可欠なインフラであったため、詳しく調査されました。ここでは、明治以降、二度の大地震に見舞われた福井県での井戸被害調査報告事例と関係する課題を記します。

　記録に残る最初の大地震が1891年の濃尾地震で、次が1948年の福井地震です。濃尾地震の被害概要は第1章で記した通りで、震源地の岐阜県だけでなく、遠方の府県でも井戸に多様な被害があり、「図1-3」に記した福井市の「**ポンプのような泥水土砂の噴出**」は特徴的被害の一つです。福井県の井戸異常は『震災予防調査会報告第2号〈前出〉』の「福井県震災景況」で報告・集計されていて、その概要は「図4-13 濃尾地震における福井県内の井戸異常調査結果」の通りで、県内全体で1万本以上の井戸異常が報告されました。

　また、57年後の福井地震は福井県北部の直下型地震で、震源域では震度7、死者数約3,700人。この地震以降47年間、我が国には阪神淡路大震災まで大地震はなく、当時、まさに驚天動地の大地震でした。『昭和23年　福井地震　調査研究速報〈文献4-12〉』によれば、井戸異常の概要は「表4-3 福井地震における井戸異常調査概要」の通りで、福井県および震源に近い石

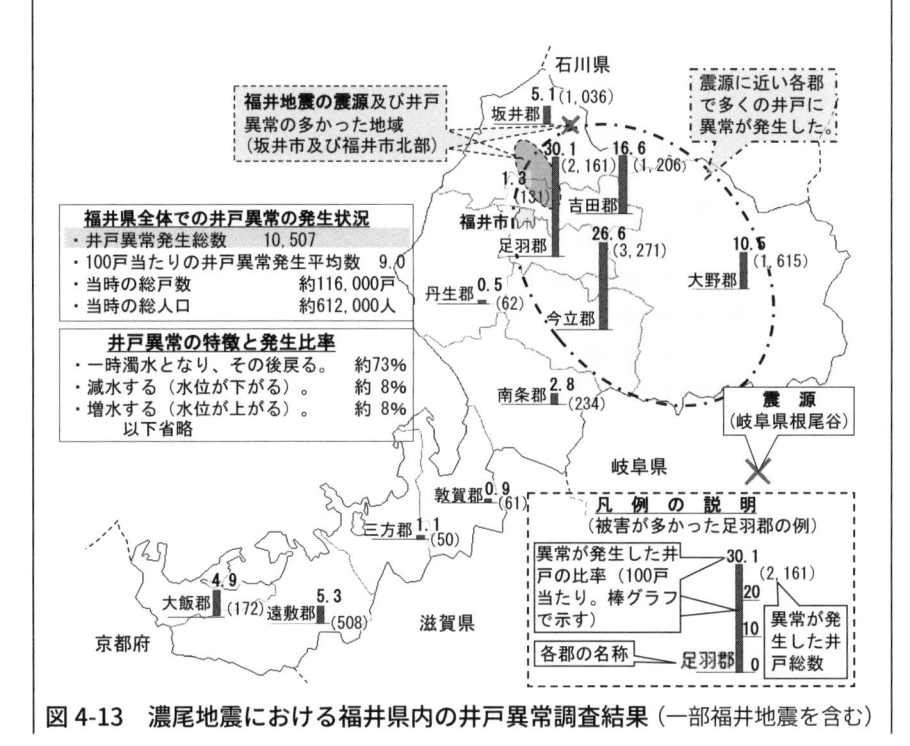

図4-13　濃尾地震における福井県内の井戸異常調査結果（一部福井地震を含む）

表 4-3　福井地震における井戸異常調査概要

変状等	増水	減水	涸渇	不変	計
井戸本数	274	112	50	1,131	1,567
比率（%）	17%	7%	3%	72%	100%
備　考	震源近くの大牧村（現坂井市）及び中藤島村（現福井市）では、ほとんどの井戸（80％程度）が増水した。				

　川県南部で異常が多く、特に、震源直近の福井市北部等では、ほとんどの井戸（80％程度）で増水が生じました（注：震源および異常の多かった地域は「図4-13」を参照）。

　被害調査の目的は、実態把握と次への対策立案ですが、100年以上、このような井戸被害が、福井県に限らず全国で発生していても、発生原因は現在も不明です。さらに、近年、他のインフラの地震被害が甚大化し、衝撃的な映像等が撮られているのに対し、水道の施設被害、特に井戸被害は、あまり衝撃的でないためか、調査さえ軽視され、検証は多くありません。

　井戸水位等の変化は日頃から発生していて、その変化は地震現象のシグナルです。私たちは井戸を生活から遠ざけるのではなく身近で接し、その変化と地下ガス噴出を観ることにより、井戸内の変化と地下ガスの関係性が明らかになります。また、地下ガス挙動による異常は井戸内に真っ先に現れる可能性が高く、多くある前兆現象の中でその異常は、地震予知の活用に適した対象であり、その活用案は次の第5章に詳述します。

参考4−8：前兆現象と二次災害の同一性

　（参照：「図4-14 地下ガス発生の影響 —前兆現象と二次災害の同一性—」）

　地下ガスの一種であるラドンガスの大気中の濃度異常は、科学的地震予知に活用できる前兆現象と判断されているように、この地下ガス噴出による井戸異常も、同様の現象と捉えることができます。そして、地下ガス噴出は、前兆現象だけでなく、二次災害にも科学的に深く結びついています。

　確かに、地震発生前（前兆現象時）と後（二次災害時）で、その噴出量は大

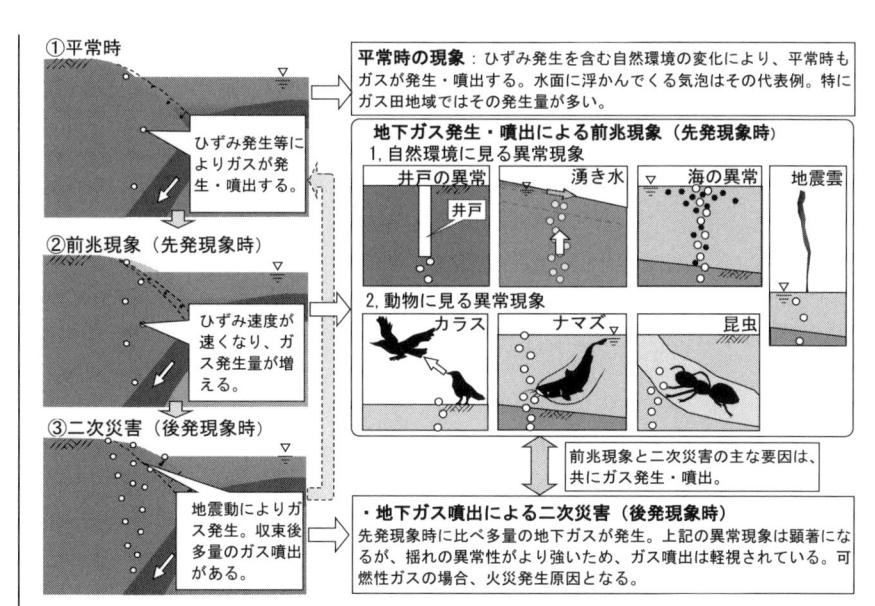

①平常時

ひずみ発生等によりガスが発生・噴出する。

平常時の現象：ひずみ発生を含む自然環境の変化により、平常時もガスが発生・噴出する。水面に浮かんでくる気泡はその代表例。特にガス田地域ではその発生量が多い。

地下ガス発生・噴出による前兆現象（先発現象時）
1, 自然環境に見る異常現象

井戸の異常　井戸
湧き水
海の異常
地震雲

②前兆現象（先発現象）

ひずみ速度が速くなり、ガス発生量が増える。

2, 動物に見る異常現象

カラス
ナマズ
昆虫

③二次災害（後発現象時）

地震動によりガス発生。収束後多量のガス噴出がある。

前兆現象と二次災害の主な要因は、共にガス発生・噴出。

・地下ガス噴出による二次災害（後発現象時）
先発現象時に比べ多量の地下ガスが発生。上記の異常現象は顕著になるが、揺れの異常性がより強いため、ガス噴出は軽視されている。可燃性ガスの場合、火災発生原因となる。

図 4-14　地下ガス発生の影響　—前兆現象と二次災害の同一性—

きく異なり、その噴出に伴って生じる現象にも大きな違い——例えば、地震後、多量のガス噴出により大火災となること——がありますが、別々の現象と捉えることは適切ではありません。前兆現象も二次災害も地下ガス噴出が主な要因で発生しています。

　地震の揺れは、極めて短い時間、類似のパターンで発生するのに対し、地下ガス噴出は、地震発生前から後までの長い期間、途中、地震の揺れを介して、「図 4-14」に記すように、その量や噴出形態を変えながら繋がっていて、多様な前兆現象や二次災害を起こしています。

　私たちは、地下水・土砂等の噴出を目撃しても、ガス噴出を五感で感じることが難しく、その噴出によって生じる液状化現象や火災等を正しく理解することができていなかったのです。この無理解が、地震予知を困難と判断させ、二次災害を甚大化させていたのであり、二つを繋がった現象であると捉えることにより、各々の解明が進みます。

4) 前兆現象の数値化

地震発生前の前兆すべりを十分な精度で観測できれば、地震予知は可能になりますが、現在の地盤変動観測では、そのすべりを判定できるような精度は得られず、地震予知が不可能なように、地下ガス噴出を前兆現象として単に目視・確認するだけでは、その噴出は多様であり、地震予知は不可能です。

地震予知を可能にするには、地下ガス噴出を数値化し、定量的な判断を可能にする必要があり、井戸の活用により、次のような数値化ができます。

①井戸そのものが地盤弱部であり、ガスは地表への噴出に先駆けて、井戸に流入するため、井戸へのガス噴出状況をその水位（圧力）変化で数値化できます。

②井戸に流入したガスは、井戸内を浮上するため、その井戸上部で確実に捕捉でき、各ガス成分の噴出状況をガス量および濃度等の変化で数値化できます。

これら数値化されたデータを蓄積・分析し、地震発生と地下水位変化および地下ガス噴出との関係を明らかにすることにより、科学的地震予知が可能になると考えます。

井戸だけでなく、多様な前兆現象があって、それら現象には地球物理以外の分野も絡んでおり、他分野での検証によっても、科学的な地震予知が可能になると考えられます。例えば、ガス成分別濃度変化に対する動物の異常行動を事前に調べておき、地震発生前後のガス濃度変化と実際の動物の異常行動の関係性を検証することも、その一例と考えます。

以上の考えは「前兆現象は地震の揺れで起きるのではなく、地震発生前の地下ガス噴出によって起きる」との仮説をベースとしており、上記のような数値化されたデータを得て、検証することにより、この仮説は証明されます。

阪神淡路大震災以降、地震学の分野において「**地震予知を可能にするために、先ず、地震の全過程を明らかにしなければならない**」との考えがあり、その考えを否定するわけではありませんが、「地震現象」を「<u>地震の全過程</u>」と捉え、この仮説を証明できれば、地震現象の一部である前兆現象を科学として確立させ、地震予知へ繋げることができます。

第5章
地下ガスと地震現象

普段、観ることのない地下ガスを対象としており、地下ガスと地震現象の関係性の不十分な点に関しては、継続して検証する必要があります。次の3項目も、同様の関係性には不十分な点があり、実際の地震現象データ等で詳細な検証が必要と考えますが、今後の地震現象の解明と減災に活用したく本章に追記します。

・地震観測と予測(予知)・・・・・・・・・・・・先発現象に関わる課題
・津波火災を含む二次災害・・・・・・・・・・後発現象に関わる課題
・地下ガス挙動による誘発地震・・・先発および後発現象に関わる課題

▼5-1　地震観測と予測（予知）

前章までに、地下ガス挙動に関して次の2点を記しています。

・地震予測には地下ガス挙動の観測・解明が欠かせません（第2章）。
・地下ガス挙動による異常は井戸内に真っ先に現れる可能性が高い（第4章）。

以上の関係性等に基づき、井戸の地震予測への活用について記します。

・観測とは

観測とは、「①自然現象の推移・変化を観察・測定すること。天文学・気象学などの用語。②様子を見て、事の成行きを推し量ること〈広辞苑〉」です。天文学上の天体運行も気象学上の気象変化も、各要素が理解され、その要素の推移・変化を観察・測定することにより、その精度に違いがあっても、正確に推し量ること（予測）ができています。つまり、両観測には①と②の二つの意味があります。一方、地震観測とは、地震観測網は「地震研究のために計画的に地震計が配置された多数の観測点〈広辞苑〉」とあるように、地震計による地震動の観測であり、その観測で地震規模は判定できても、その発生予測はできず①の意味だけです。

自然現象である天体運行および気象変化は予測できても、なぜ、同じ自然現象

である地震は予測できないか？

　天体と気象は、全体の動きを長期間途切れなく観測し、その観測結果から将来の動きが予測されています。一方、地震では、その発生前に地下ガス挙動による前兆現象があっても、地下ガス挙動は地震要素であると理解されておらず、地盤の揺れが地震観測の対象で、地震予測のために補完的に地盤変動等が観測されても、ほとんどの期間は揺れがゼロで、その揺れのない期間は極めて微小な地盤変動等が観測されるだけです。結果として、その予測はできず、地震予測を気象予測に当てはめて考えれば、次の通りです。

　現在の地震観測の対象である「揺れ」は、気象観測の対象である「降雨」に相当し、一時的な降雨と関連する雨雲等の観測では、気象予測は困難なように、

Ⅰ、降雨の過程と予測
空気の上昇で、空気中の水蒸気が雨雲となり、上空から地表に降雨がある。

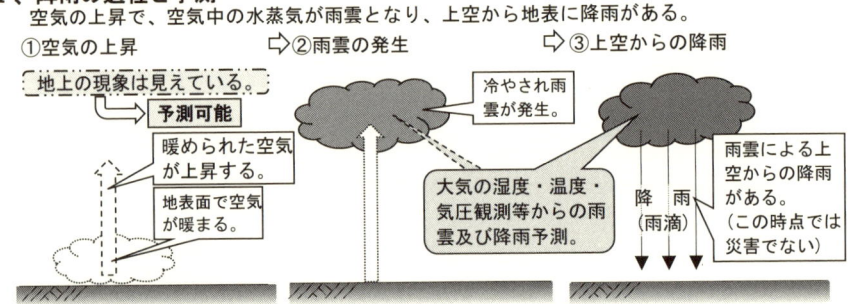

Ⅱ、地下ガス噴出の過程と予測
地下ガス発生後、地下水中を膨張しながら上昇し、地下から地表にガス噴出がある。

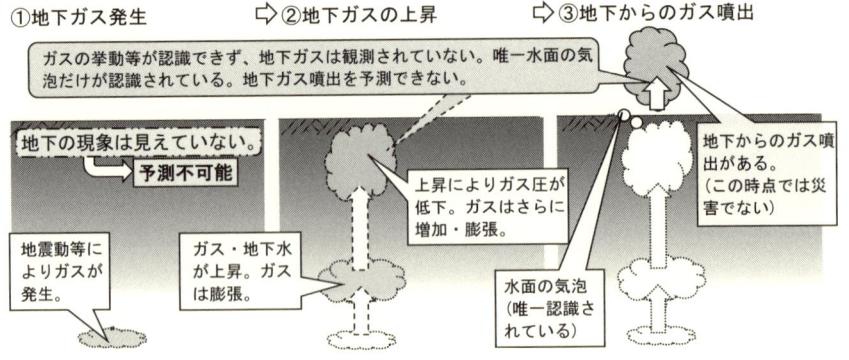

図 5-1　降雨と地下ガス噴出の過程と予測

一時的な揺れと関連する地盤変動等の観測では、地震予測は困難です。

気象予測に大気観測があるように、地震予測にも地下ガス観測が必要で、両者の違いを図示すると「図5-1 降雨と地下ガス噴出の過程と予測」の通りです。

なお、予知（**前もって知ること**〈広辞苑〉）、予測（**前もっておしはかること**〈同〉）、予報（**あらかじめ知らせること**〈同〉）等の類似の用語がありますが、それらの意味にこだわる必要がない場合、区別せず「予測」としています。

・降雨と地下ガス噴出による災害（浸水災害と火災・地盤災害等）

地表での自然現象には、上空からの降雨の他に、地下からのガス噴出があり、降雨だけ、或いはガス噴出だけでは、「図5-1」に記すように災害になりません。

降雨による災害は、降雨量が多いと洪水が起き、洪水による浸水災害であり、目視でき比較的単純ですが、地下ガス噴出による災害は、目視できず単純ではありません。火災に限れば、ガス噴出があっても火気がなく、拡散してしまえば災

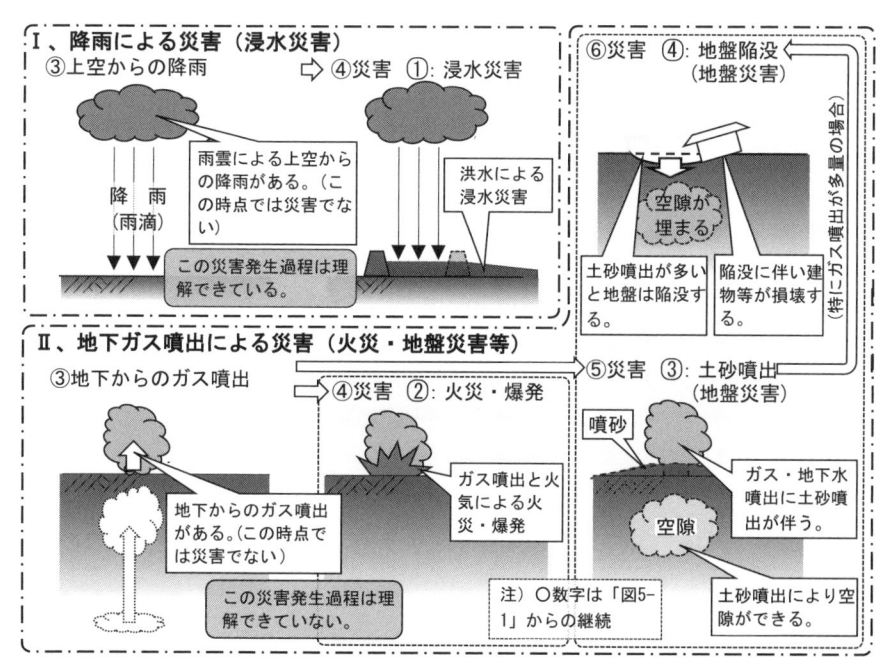

図5-2　降雨と地下ガス噴出による災害

害になりませんが、噴出箇所に火気があると火災等が起きます。また、多量のガス噴出に地下水・土砂が伴うと「土砂噴出」となり、さらに土砂噴出が多いと地盤内に大きな空隙ができ、火山のカルデラのような「地盤陥没」が起きる等、地盤災害となり複雑です（参照：「図5-2 降雨と地下ガス噴出による災害」）。

　これら火災と地盤災害は、地下ガス噴出と無関係な別々の災害と考えられてきましたが、関連付けて検証することにより、各々の実態が明らかになります。

・気象と地下ガス噴出（地震）の観測・予測
　地表への降雨は、沢山ある気象要素の一つであり、私たちは普段から降雨以外の気象要素の変化を体感し、また、それら観測結果から、気圧分布（≒天気図）等を明らかにし、降雨量を含む気象を予測しています。そして、その降雨量等は

Ⅰ、気象の観測と予測
　気象の観測により、気象（降雨量等）を予測し、実測より予測の妥当性が確認できている。

Ⅱ、地下ガス噴出（地震）の観測と予測
　井戸の観測により、地表へのガス噴出の予測が可能。さらに地震予測に活用可能。

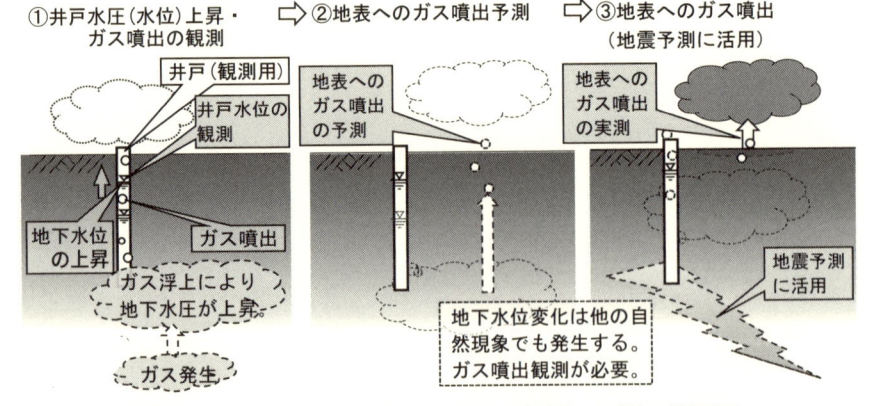

図5-3　気象と地下ガス噴出（地震）の観測・予測の概要図

実測され、その予測の妥当性は確認できています。

　一方、地表へのガス噴出は、地震要素と理解されていません。また、その噴出は地下の圧力変化等が関わっており、その圧力も地震要素です。それら要素を観測——具体的には、井戸を設置して、ガス噴出や圧力を観測——することにより、その観測結果から地震予測が可能になると考えます。そして、気象予測と同様、それらは実測され、その予測の妥当性が確認できます。その概要は「図 5-3 気象と地下ガス噴出（地震）の観測・予測の概要図」に示す通りです。

　地震の二次災害低減のための井戸観測装置（案）を、「図 5-4 地震時における地下ガス噴出予測装置の模式図」に示します。この井戸は「地震時にガスが地表へ噴出する現象」を予測する装置で、井戸上端が密閉されていて、地下ガス発生による地下水圧増加を捉えやすく、かつ、ガスを捕捉することができます。この

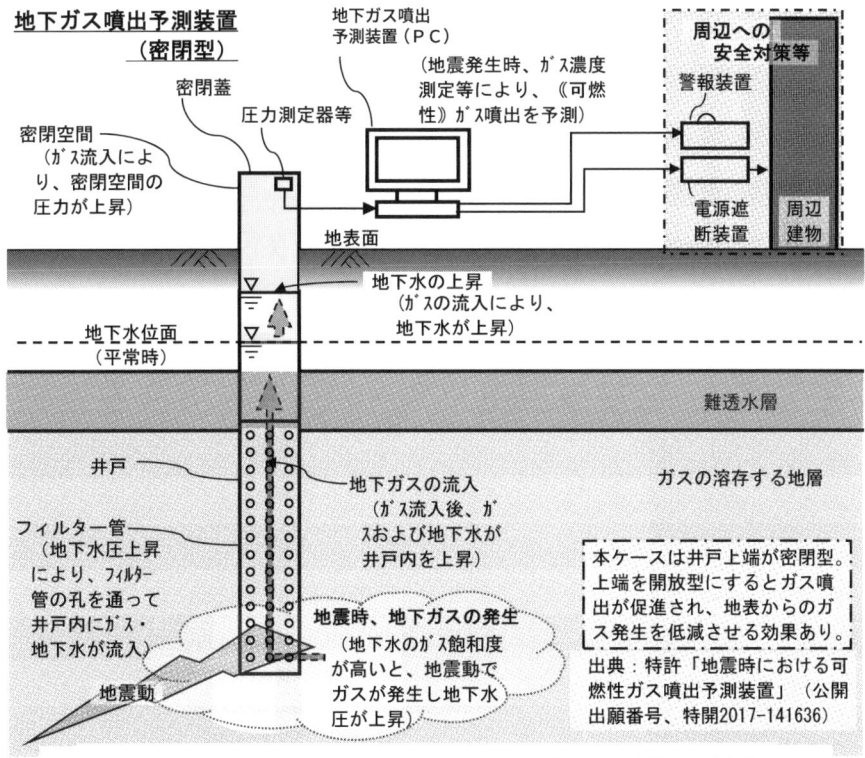

図 5-4　地震時における地下 (可燃性) ガス噴出予測装置の模式図

装置で得られる観測結果から、地表へのガス噴出が予測でき、さらに、電源遮断や警報の併設・活用により、出火を防ぐ等の減災が期待できます。

　なお、ガス噴出等は火山噴火予測のための観測対象です。そもそも、地震と火山噴火は、二つの異なる地象ですが、共にプレートテクトニクス理論、つまり、地下深くのマントル流によると考えられていて、そのマントル流によって発生するガス噴出等もそれら発生に関わっており、ガス噴出等の観測を、火山噴火予測だけでなく、地震予測にも活用し、その関連性を明らかにすることが重要です。

　去年（2023年）6月、国会で改正活動火山対策特別措置法が成立し、今年（2024年）4月から、火山の観測や調査・研究を一元的に行う火山調査研究推進本部が新たに設置されました。この本部は、従来の地震調査研究推進本部とは、法律上分離された体制になりますが、地下ガスの観測を含め関連する現象解明のためにも、一層の連携は不可欠です。

▼5-2　津波火災を含む二次災害（事例からの検証）

　液状化現象と地震火災の原因が地下ガス噴出であっただけでなく、東日本大震災時、多発した津波火災も同様の原因であった可能性が高いと考えられます。地震によるこれら災害の概要は「図5-5　地震と災害発生概念図（津波火災を追記）」の通りで、地震と液状化現象・地震火災および津波火災との関係性を以下に記します。

1）津波火災

　東日本大震災時、東北地方の太平洋側、特に三陸地方沿岸で、津波襲来に伴い、津波火災が多発しました。津波火災は昔から数多く起きていても、住民は地震被害を受けた直後、津波から命を守るために高台に逃げ、浸水したほぼ無人の状況下で火災が起きるため、出火原因調査は困難で、ほとんどの出火原因は不明です。

　また、津波火災は原因不明だけでなく、メカニズムも解明されていないため、近年、研究課題として着目されています。特に、東日本大震災時、大規模火災のほとんどが津波火災であったことから、被災者からの聞き取り調査を含む現地調査が行われ、メカニズムが提案されると共に出火原因が推測され、報告書の一つ「東日本大震災における津波火災の調査概要〈文献5-1〉」で、次の3つが出火原

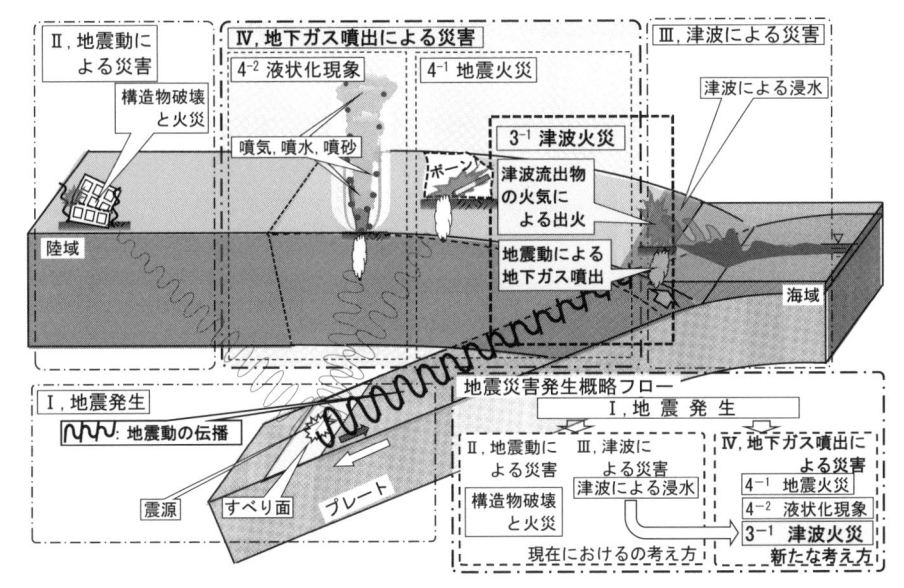

図 5-5　地震と災害発生概念図（津波火災を追記）

因と推測されました。

　①破壊された家屋　②プロパンガス　③自動車

　各々の火災の出火原因が上記の３つであったか、また、提案されたメカニズムで火災が発生したかを判断することは容易でなく、ここでは論じませんが、次に記す通り、大きな爆発が頻発したにもかかわらず、津波火災が地下ガス噴出によるとの考えは、東日本大震災後の検証でも指摘されませんでした。

2）地震火災と津波火災の同一性

　筆者は既に『地下ガスによる液状化現象と地震火災〈前出〉』および『地下ガスによる火災〈文献 5-2〉』で、津波火災には、地震火災と同じように地下ガス噴出が関与していると記しており、本書では、関東大震災および東日本大震災時の火災の報告事例から、地震火災と津波火災は地下ガス噴出を主因とする同種の火災であるとの考えを以下に記します。

　①関東大震災時の地震火災（『関東大震大火全史〈文献 5-3〉』より）

　　・同全史本文：（地震発生は９月１日 12 時ごろで、地震当日午後）**５時になった。**

（中略）しきりに砲声が聞こえる。**2, 3分毎**に、地に響いてとどろく。（中略）夕ぐれが来た。地震と轟音とは絶えず脅かしてくる。

　関東大震災だけでなく大地震時、上記と類似の轟音を伴う爆発が多数報告されています。これら轟音はそのほとんどが爆薬や薬品等によると推測されるだけですが、善光寺地震後の「天然ガスの発生」からも分かるように、**2, 3分毎**の轟音は、地下ガスが噴出し、その爆発によって生じた可能性が高いと考えられます。

②東日本大震災時の津波火災（『スーパー J チャンネル〈文献 5-4〉』の放送より）
・**ニュース本文：**（気仙沼市鹿折地区での映像が流れる中）**高台に避難してもなお火災の恐怖は続きました。ドーンという音の後火柱が上がっています。このような爆発は夜通し続きました。住民の方は眠れない不安な夜を過ごしたと言います。**

　ニュース本文の「ドーン」という爆音は、火災映像が流れる中で轟き、その直後、暗い空に高く昇る火柱のような映像が映し出され、その爆音と火柱は地表付近での何らかの大きな爆発によっていると判断できます（参照：「図 5-6 気仙沼市の津波浸水域と火炎状況図」）。その映し出された火炎は「（高さ 10 m からも）**見上げるほどの炎が当たり一面を覆う**」と表現されていて、その高さは数十mと推定されても、プロパンガスが出火原因と推測されるだけでした。

　気仙沼市は、津波により広い範囲（約 18k㎡、市面積の 5.4％）が浸水し、「平成 23 年東北地方太平洋沖地震の被害及び消防活動に関する調査報告書〈文献 5-6〉」によると、火災はその浸水域で数多く発生。この鹿折地区の焼失面積が最大で約 11ha で、爆発を伴う火炎が発生。さらに同図にも記す通り、湾口の小々汐地区でも類似の火炎が発生しました。また、「**爆発は夜通し**」とは、夜遅く津波波高が小さくなっても爆発が続いたことを示しており、火災は津波でなく、地下ガス噴出が夜通し続き、その噴出によって発生したと考えることもできます。

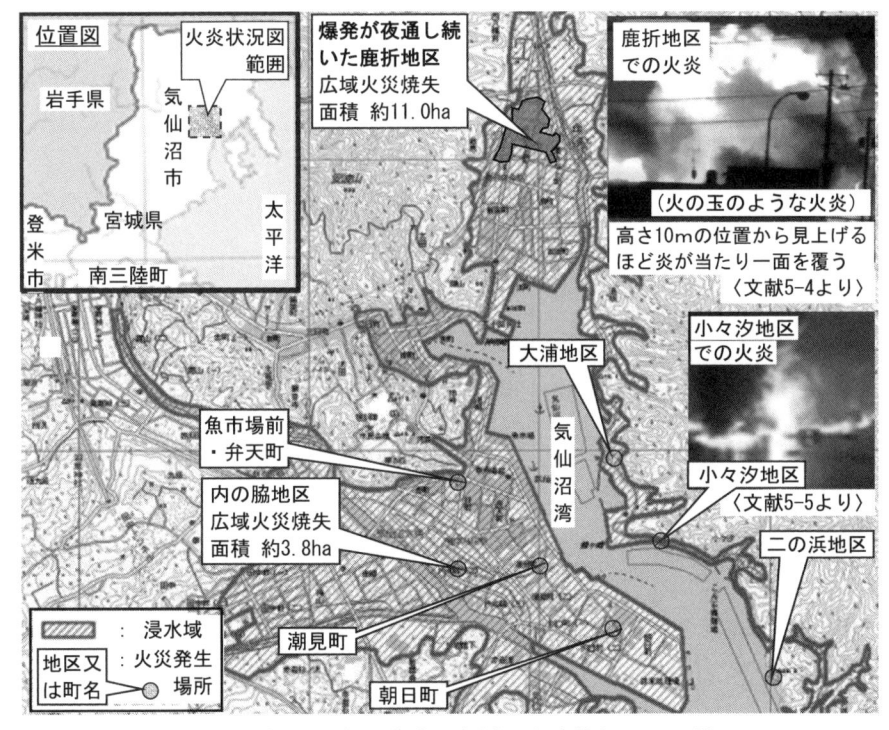

図 5-6　気仙沼市の津波浸水域と火炎状況図　口絵 9

3）火災と液状化現象発生の実態とその関係性

・「2，3 分毎に、地に響いてとどろく」とは

　これまでの液状化現象の多くの報告は、液状化発生の有無であり、発生噴出孔数およびその発生時間等の状況が検証されたことは多くありませんでした。ここでは、噴出孔数等の実態が示された液状化報告事例等から、その発生状況を検証した後、2，3 分毎に爆発が起きる状況を想定します。

　先ず、噴出孔数です。2009 年の駿河湾地震時、噴出孔数が「平成 21 年 8 月 11 日の駿河湾の地震により発生した液状化の形態と成因〈文献 5-7〉」で、確認・報告されました。この地震規模はマグニチュード 6.5 とあまり大きくなく、液状化発生範囲も広くありませんでしたが、「図 5-7 駿河湾地震時　液状化発生状況図」の通りで、噴出孔発生の多い範囲では、1 区画 50 m 四方（2,500㎡）で、18 ケ所でした。

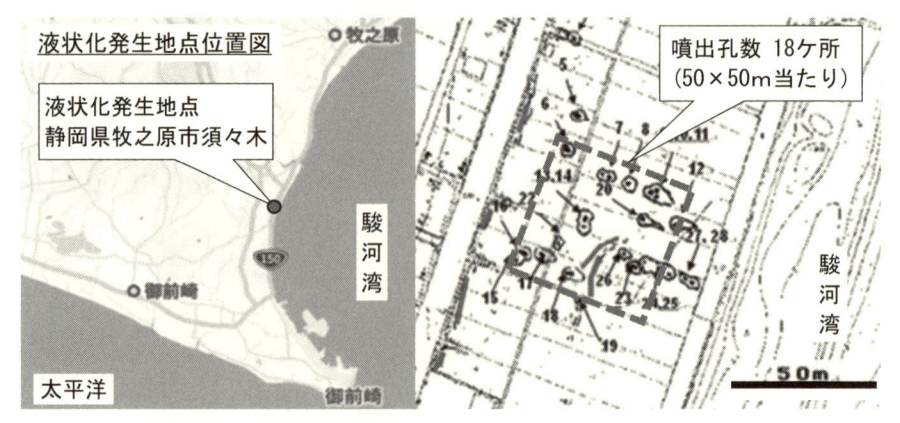

図 5-7　駿河湾地震時　液状化発生状況図（噴出孔の分布）

　また、東日本大震災時、液状化発生状況が、グーグルアースでも撮られていて、その一例が、地震発生 18 日後の茨城県稲敷市の利根川沿いの画像、「図 5-8 東日本大震災時　液状化発生状況図」です。噴出孔が水田の広い範囲で確認でき、1 区画 50 m 四方に、明瞭に残っていた噴出孔数は、同図に示す通り 33 ケ所でした。そして、ここでは、概ね 500×1,000 m（約 500,000㎡）の範囲で発生し、同程度の規模の液状化現象は、利根川下流域の数多い地域で起きていました。

　これらの噴出孔は、地震発生後、いつ起きるか？　その記録は多くありませんが、噴水・噴砂は、地震直後だけでなく、長ければ、数日続き、その間一つ一つの噴出孔は不規則に発生しています。以上の噴出孔発生の事例をベースにし、次の条件で、その出現を想定すると次の通りです。

・出現の条件：**500,000㎡の範囲で、2,500㎡に 15 ケ所**（2 つの事例での各々 18、33 を、15 と仮定）、**噴出孔が 1 日かけて平均的に発生する。**

・出現の想定：**総噴出孔数、3,000 ケ所**（500,000㎡ ÷2,500㎡ ×15 ケ所）で、**噴出孔出現平均頻度、毎分 2 ケ所**（3,000 ケ所 ÷24 時間 / 日 ÷60 分 / 時）程度。

　噴出孔数≒地下ガス噴出回数と考えられても、爆発は火気がなければ起きないため、噴出孔数＝爆発回数にはなりません。毎分 2 ケ所の噴出孔発生で、<u>3 分毎に爆発</u>が起きたとすると、火気は噴出孔 6 ケ所（2 ケ所 / 分 ×3 分＝ 6）毎に 1 つ

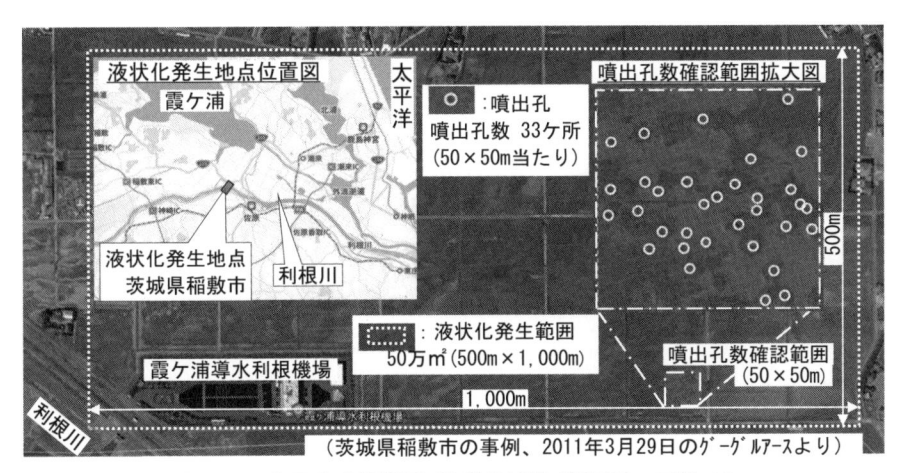

（茨城県稲敷市の事例、2011年3月29日のグーグルアースより）

図 5-8　東日本大震災時 液状化発生状況図　口絵 10

にあったと試算することができます。

　ほとんどの人は、「**2，3分毎に、地に響いてとどろく**」とは誇張された表現と感じるのでしょうが、条件がそろえば起こりうる現象です。

　液状化現象や火災が地下ガス噴出によると考えることができても、噴出ガスが採取されたことはほとんどなく、地下深部のガス貯留調査等から、その噴出が想定されるだけです。今後は、地下ガス挙動の視点から、各地域で噴出する地下ガスの成分や濃度等を調査することにより、その地域での地下ガス貯留状況だけでなく、地下ガス噴出の危険度（≒噴出しやすさ）が把握できるようになると考えられ、それらは今後の課題です。

・地下ガス噴出と火災の関係性

　地震後、噴出孔発生時、可燃性ガスが地表に噴出しても、通常そこには火気はなく、火災発生の可能性は高くありません。しかし、ひとたび火災が起きると、沢山の火の粉や燃えカス等の火気ができ、可燃性ガス噴出を出火原因とする火災が多発します。この火災多発は、単なる延焼でなく、可燃性ガス噴出による「**火災の連鎖**」であり、特に、都市部にある木造住宅密集地域では、その木造住宅から多量の火の粉が発生し、この「火災の連鎖」が起きやすいと考えられます。

　前章「参考４－７」に記したように、濃尾地震時、井戸異常が福井県内では１万ケ所以上（人口約60人当たり１ケ所）発生したように、地下ガスはこの箇所数

と同数程度、或いはそれ以上に噴出した可能性があり、液状化現象が生じるような地震では、一度火災が発生すると、その連鎖を止めることは極めて困難になると想定できます。

　近年起きた沢山の類似火災も、多くは出火原因不明となっていて、それら火災は風化されつつありますが、「可燃性ガス噴出を出火原因とする火災がある」との新たな視点から、実際に起きた火災を検証することにより、「火災の連鎖」は単なる推測でなく、証明されると考えます。

　関東大震災後100年に当たり、火災旋風等の危険性が指摘されても、出火原因は明らかになっておらず、ただ「甚大な被害につながる火災旋風の発生を防ぐには『先ず出火を防ぎ、大火になる前に消し止める必要がある』」等が、数多く報道等で紹介されるだけで、火災の連鎖に対する具体策は皆無です。私たちには、このような非科学的対策でなく、可燃性ガス噴出に対する具体的な対策——例えば、そのような状況下では火気を使用しない、電源を切る等——が求められており、可燃性ガス噴出による火災連鎖の理解と対策の実践が必要です。

▼5-3　地下ガス挙動による誘発地震

　揺れおよび地下ガス挙動による地震現象との関係図を、図示すると「図5-9」の通りですが、この図には前節までに記していない次の項目を追記しています。

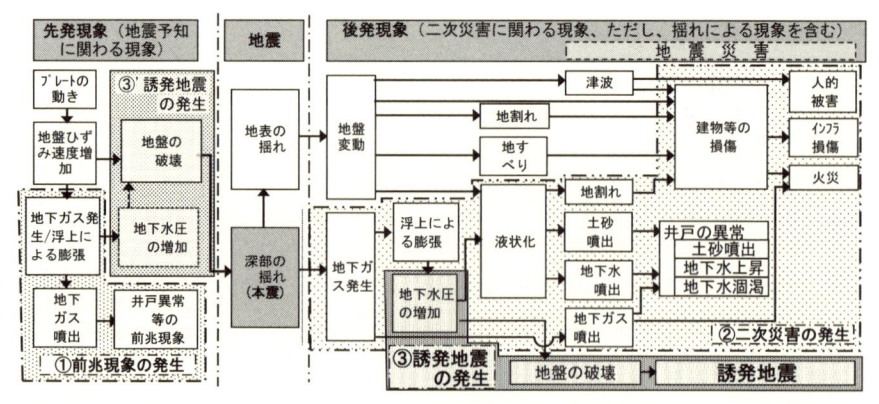

図5-9　揺れおよび地下ガス挙動による地震現象（誘発地震を含む）の関係図

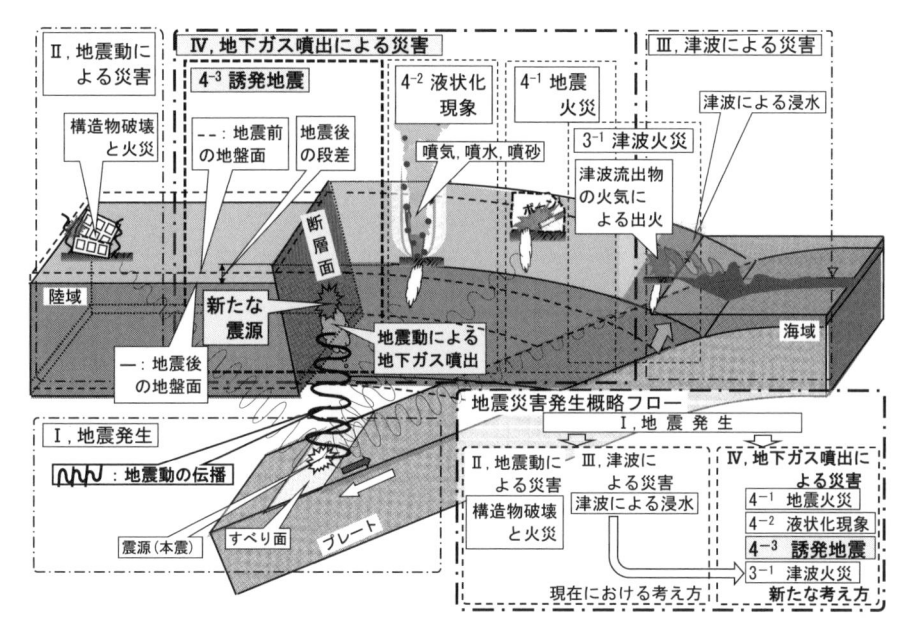

図 5-10　地震と災害発生概念図（誘発地震を追記）

・地下ガス挙動による誘発地震（≒群発地震）の発生

　この誘発地震は同図に記す通り、「深部の揺れ」を本震と捉えると、本震そのものが先発現象による誘発地震（本図では③'）と捉えることもできますが、本震によって後発現象として別途発生する誘発地震（本図では③）を、検証すべき課題の一つとして最後に取り上げます。その関係を「図 5-5」に追記すると、「図5-10 地震と災害発生概念図（誘発地震を追記）」の通りです。

　なお、誘発地震は「地盤への水の注入」等の他の要因で発生することがあり、それらは検証されており、本書では取り上げません。

　松代群発地震での地下ガス噴出の状況については、第 1 章に記していますが、ここでは、2020 年から続いている能登群発地震を対象とし、この群発地震を誘発地震の一つと捉え、この群発地震と地下ガス発生の関係性を記します。

　2 年以上能登群発地震が続く中、2023 年 5 月 5 日（令和 6 年元日の約 8 ケ月前）、マグニチュード 6.5（最大震度 6 強）の地震が発生し、石川県珠洲市などで大きな被害が生じました。これら地震は不可解であり、その解明のために、この震源

域に各種観測機器が設置されていて、その観測結果等から、この地震には高圧流体が影響しているとの考えが「流体とスロースリップに駆動された能登半島群発地震〈文献 5-8〉」で報告されていました。その抜粋は以下の通りでした。

　　石川県能登半島の北東部で発生している群発地震は大量の<u>流体</u>※（約 2,900万㎥）が深さ 16km 程度まで上昇し、地下の断層帯内を拡散したことにより、断層帯でのスロースリップが誘発され、さらに断層帯浅部での地震活動も誘発されたことが原因と考えられることを示しました。（流体※：液体と気体の総称。地下深部における<u>流体は、水</u>、マグマやさまざまな種類の<u>ガスが考えられるが</u>、能登半島深部での<u>流体は水</u>である可能性が高いと考えられる。）

　同文献の中に、そのメカニズムの模式図「図 5-11」が添付され、その中に「<u>流体による膨張</u>」と記載されており、そのポイントは「地震を誘発する流体は水で、水の膨張による」です。そして、2024 年元日の令和 6 年能登半島地震後も「<u>群発地震の一因は水などの流体</u>」との考えは、多くの新聞・科学雑誌等で取り上げられ、一般に広く浸透しています。しかし、この考えは妥当でないと考えます。

　なぜなら、同文献にも「<u>流体は、水</u>、（中略）<u>ガスが考えられる</u>」とあるよう

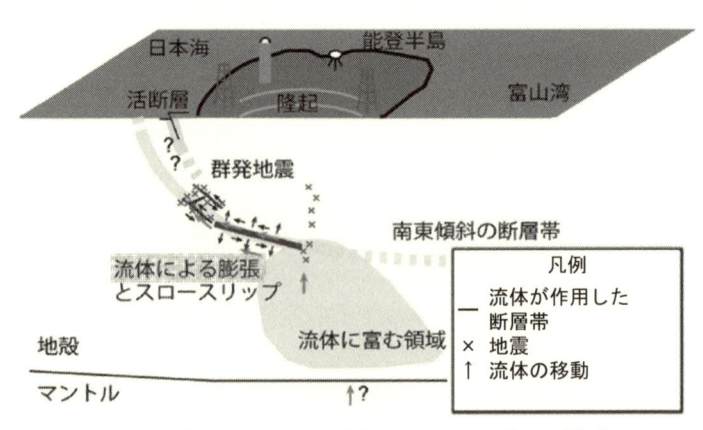

図 5-11　能登半島の群発地震のメカニズムの模式図

に、流体には水（液体）やガス（気体）があって、既に第2章で記した通り、液体（水）は非圧縮性流体でほとんど膨張しないのに対し、気体は圧縮性が大きく容易に膨張するため、液体の膨張でなく気体の膨張により、流体（気体を含む液体）圧力が大きくなるのであり、地震を誘発する<u>流体は気体である</u>と考えます。

　具体的には、「図5-11」に、群発（誘発）地震発生の概念を追記した「図5-12 地下ガス挙動による群発地震発生概念図」の通りで、仮に、気体が深さ32km（水圧3,200気圧相当）から、その半分の深さ16km（水圧1,600気圧相当）に浮上すると、制約がなければその体積はほぼ2倍になりますが、その断層帯の間隙体積が小さい等の制約と、かつ、多量の気体浮上があると、浮上しても十分な体積膨張ができず、完全に膨張した時のような圧力低下は生じません。つまり、その深さ16kmでの圧力が、水圧1,600気圧相当より大きくなり、地震を誘発していると考えられ、その原因は水の膨張でなく、気体の膨張による高圧流体によっています。

　この気体が原因で揺れが起きるとの考えは、「参考5－1：古くからの『地下ガス挙動と地震』」に記す通り、西洋では古くからあり、日本では江戸時代、実験でその考えが確認されていました。

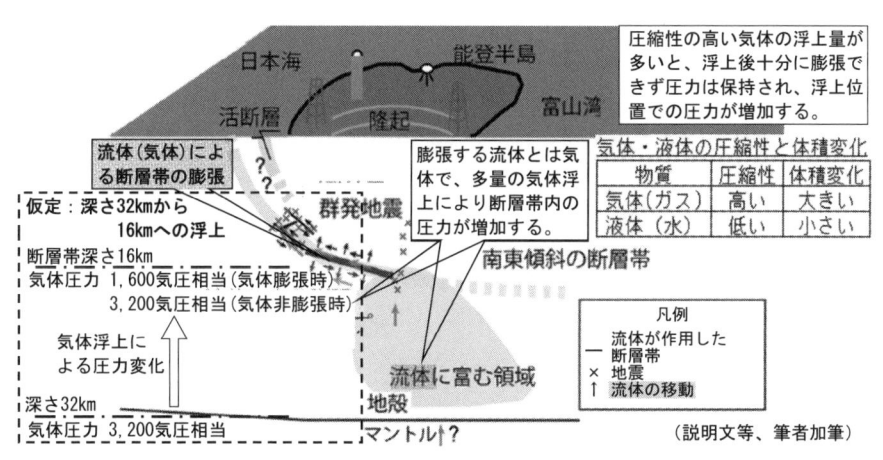

図 5-12　地下ガス挙動による群発地震発生概念図

参考5−1：古くからの「地下ガス挙動と地震」

・西洋での「地下ガス挙動と地震」の理解

地震は世界中の多くの国で恐れられており、その原因を探るために、古くから地震は観察され、多くの観察記録が残されています。その記録には、二人の西洋の著名な哲学者の地震現象に関する記述があり、彼らは、地震時に揺れだけでなく地下ガス挙動があると、鋭い観察眼を持って観ていました。

①アリストテレス（紀元前 384 〜 322、〈文献 5-9 より〉）

　地震が起こると水が吹き出すということがしばしばあった。（中略）風が波の原因であって波が風の原因でないと同じように、大地を動かすものは風であり、風が大地の表面に沿って、あるいは地下から水を押しやるのである。

　地下から水を押しやるのは風であり、風はガスの噴出を意味し、地震時にガス噴出があり、地下水を噴出させていると考えていたようです。

②カント（1724 〜 1804、〈文献 5-10 より〉）

　多くの地震の折には、まるで地下で暴風が荒れ狂うような（中略）恐るべき轟音が聞こえたし、遠隔地で同時に地震の影響が及んだ。

　（中略）それらの相互作用を引き起こせば、それらから蒸気が発生し、その蒸気は広がろうとして地面を揺さぶる（以下省略）

　蒸気が発生し、蒸気は広がろう、地面を揺さぶりとは、地震時に、地下ガスの発泡があり、その発泡が地面を揺さぶると考えていたようです。

・江戸時代の「地下ガス挙動と地震」の実験

日本では、さらに地震は地下ガス挙動によるとの考えに基づき簡易な実験が行われていて、その記録が残されています。記録は、江戸時代中期に発行された図説百科事典である『和漢三才図会〈文献 5-11〉』の「地震」の項に記されており、以下その抜粋です。

　　地震の現象を試みに作ってみる法。二三斗はいる桶に粗砂を盛り、水を入れる。底の辺に（中略）のみ口があって水がそこから流れ出る。それから、数人がかわるがわる息をのみ口に吹き入れると急にのみ穴が塞がり、気息（中略）が（中略）外に出ようとし、桶は自然に震動する。（中略）地震の原理にほぼ近いものである。

このように、容器（桶）中に水で満たされた模擬地盤を作り、その地盤中に気体（息）を吹き入れると、その気体は浮力等の影響を受けて地盤内を動き、その動きは地盤だけでなく、容器も揺らすことが確認されていました。

　同じような動きは、容器内に<u>模擬地盤</u>を作り、その容器内に気体を発生させることにより再現することができ、「図 5-13 模擬地盤（ペットボトル容器）での気泡発生・噴出と揺れ発生概要図」は、再現の概要です。この再現のポイントは、重曹とクエン酸とを含ませた模擬地盤を作り、その地盤内で重曹とクエン酸を反応させることにより、気体を発生させ、気体を噴出させることであり、以下の手順で、地盤の揺れが再現できます。

①ペットボトル容器内に砂を入れ模擬地盤とします。ただし、その下層の砂と上層の砂に各々クエン酸および重曹を混ぜておきます（図①の通り）。その地盤に、水を浸透させるための十分な水量を注ぎます。
②水の浸透が進むに従い、重曹とクエン酸が反応し、気泡が発生します。その気泡は浮力を受け、挙動（浮上）します（気泡発生により水面はわずかに上昇する）。

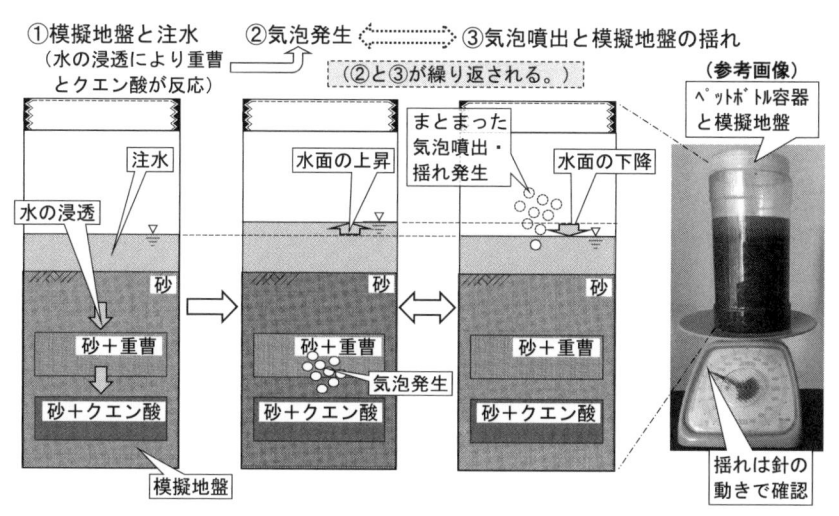

図 5-13　模擬地盤（ペットボトル容器）での気泡発生・噴出と揺れ発生概要図

③その気泡の噴出は水面で目視でき、まとまった気泡噴出時、ペットボトルは外力を加えなくても揺れます（まとまった気泡噴出後、水面はわずかに下降する）。

④気泡発生が継続。まとまった気泡の噴出により、②、③が繰り返されます。

　　ただし、この容器の揺れは小さく、その揺れを容易に検知できるよう、上皿秤の皿上に容器を設置し、揺れを秤の針の小さな動きで検知します。

　科学が進歩する前、地震とは地表の揺れであると理解しても、その原因が分からなかったため、色々な視点から観察され、その観察の中に気体噴出がありました。その噴出は、単なる観察に留まらず、上記のような実験も行われ、かつ、第1章で記した通り、濃尾地震後、「**地震の性質**」を知る目的で、水、泥、砂だけでなく、「**蒸気等その他**」の噴出も、国としてのアンケート調査の対象となり、その貴重な記録が数多く得られていました。

　しかし、近年、科学が発展し、地震の揺れの解明が進んだためか、揺れ以外の過去の記録は生かされておらず、地下ガス挙動はほとんど無視されています。地下ガスによる地震現象（≒揺れを含む地震の全過程）の解明には、過去の記録や体験談等に基づく地下ガス挙動の再考とその検証が必要です。

〈追記：「深層地下水データベース」から得られるメタンガス濃度情報 〉

　産総研の地質調査総合センター（茨城県つくば市）で、特別展「プレートテクトニクスがつくる『深部流体』」が開催（令和6年8月まで）され、『深部流体（≒深層地下水)』に関わる水を〝なぞの水〟と呼び、その研究が紹介されました。

　その特別展に関連する情報として「深層地下水データベース〈文献5-12 〉」があり、水・ガス試料の内、本書に関わるガス試料の情報は、情報保護の観点から制限がありますが、深層水のメタンガス濃度をまとめると、その概要は「図5-14」通りで、濃度5%（爆発下限界）以上のメタンガスが全国の多くの地域にあること、また、道府県別の特徴等が分かります。しかし、地域ごとの正確な情報は分からず、活用できる情報になっていません。情報公開のあり方を含め、ガス情報活用は再考が必要です。なお、本データベースには、東京・千葉等のデータは数例しかありません。

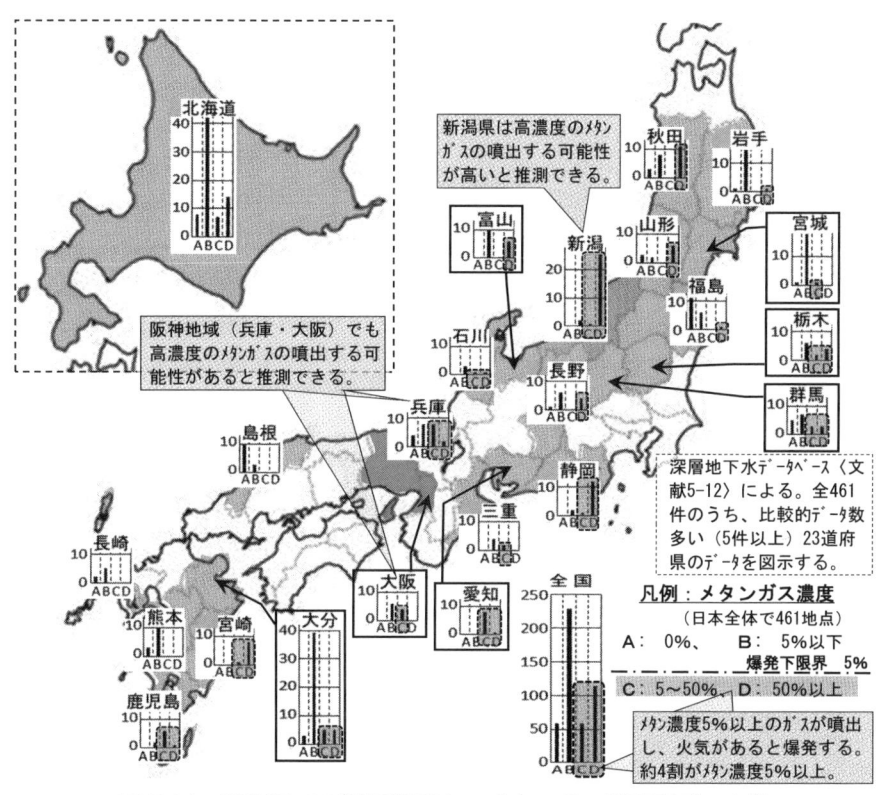

図 5-14　道府県での深層地下水のメタンガス濃度別データ数

〈あとがき〉

・無色・無臭の地下ガスの理解

　川面の泡は、地下に貯留されたガスの浮上であっても、メタンガスは無色・無臭。私たちはガスが単に見えないだけでなく、五感で感じることができません。また、そのガス検知技術はあっても、噴出後速やかに拡散するため、ガスを捕捉できない限り検知できず、さらに、深部のガス探査技術には限界があります。

　このように、地下ガスには見過ごされる条件が揃っていて、私たちは地震の検証において、この地下ガスをその対象にすることはほとんどありませんでした。

　私たちは、地下ガス噴出を日頃から起きている自然現象と捉え、この噴出を正しく理解しなければ、地震の解明も、また、その対策も進みません。

・地下ガス噴出の新たな体験談

　地震現象を地表の揺れだけでなく、**地下ガス挙動**によると着想した当初、筆者自身その着想を非常識と感じながらも、地震解明のため、非科学的と思われる体験談等を収集しました。その一つに、関東大震災時、東京丸の内にいた N 社 T 記者の手記があり、その抜粋は次の通りです。

　　（強震動に襲われながら）**十字路の真中あたりまで出たとき、丸ノ内大通りから有楽町にかけて地上三尺**（１m程度）**ばかりの道路面から上に、霧とも埃ともわからぬ重い気流がぼうつと浮んで、何とも言へない物凄さで、二回三回と起こるたびに周囲の大建築物が、ギシギシ揺れる異様な音で・・**（『関東大震大火全史〈前出〉』より）

　地震で建物が揺れる状況下、崩れる前の**霧とも埃ともわからぬ重い気流がぼうつと浮んで**とは何か？　この手記は、地下ガス噴出の体験談と考えられても、地震後 100 年間、詳細は語られたことは恐らくなく、私たちは検証できません。

　しかし、阪神淡路大震災・東日本大震災の体験者は沢山いて、似たような体験談が少なからずあり、検証可能と考えます。例えば、第 3 章で記した**「ガスが燃え続けた」**（参照：「図 3-7　阪神淡路大震災　火災発生状況図」）とは、第 1 章で記

した「地震後世俗語之種」の画像と類似の状況説明であり、つまり「**天然ガス噴出の体験談**」であったと考えられます。ただし、これらは、上記の手記と同じように詳細は語られていないようです。語られない原因は「地下ガス噴出による災害」を仮説として説くことを、非常識と考えることによると思われますが、実際の体験者が、地震の既成概念「地震＝地表の揺れ」に囚われずに、無色・無臭の地下ガスを理解し、当時の記憶を蘇らせ、その状況を正確に語ることにより、私たちは「地下ガス噴出」を理解できるようになります。

「地下ガス噴出による災害」の実態は明らかでなく、簡単なモデル実験で再現できても、その再現の信頼性は高くありません。災害の実態を明らかにするためには、「何の**ガスが燃え続けた**か」が分かるような詳しい体験談が必要です。

・地下ガス挙動の理解と取組み

現在の地震の考え方には地下ガス挙動が見落されており、その見直しを本書に記しましたが、体験談を含む多様な検証により解明が進んでも、その見直し——例えば、液状化基準・対策の見直し——は容易には進まず、それに要する期間は長くなると考えられます。

似た状況は、東日本大震災前にもありました。当時、従来の津波計画高さには、過去の実態——例えば西暦 869 年の貞観地震時の津波——が見落とされていて、その解明が進み、見直しが必要と判断されても、国・電力業界・学界等の大きな組織は、諸基準の見直しには時間を要し、その過程で、福島第一原子力発電所が未曽有の大災害を起こしてしまったと捉えることもできます。

大地震がいつ、どこで起きても不思議でないと考えられている我が国では、地下ガス噴出による二次災害等に関する諸基準の見直しが、次の大地震発生に間に合わない可能性もあると考えられます。しかし、同発電所の津波災害とは違う面があります。それは、津波災害を社会問題として、市民やマスコミが取り上げても、その実効性は限られていて、国や電力業界等が津波高さ設定方法を見直さない限り防ぐことはできなかったのに対し、一人一人、或いは小さな組織が社会問題として取り組み、理解・行動することにより、減災につなげることができます。例えば、液状化発生は防げなくとも、電気等を含む火気を遮断することにより出火等を減らせます。

ただし、この考えを理解するだけでは、普段の生活に不安を抱く人が増えるのではと危惧します。特に、ガス田地域ではその思いが強いと思われます。確かに、各地域のガス貯留量は違い、その噴出の危険性の高さにも違いがあります。しかし、ほとんどの平野部に危険性があることを理解し、住んでいる地域でのガス噴出の危険性の高さを思い煩う前に、その危険性を正しく理解し、対策を実施することにより、その不安は解消されなくとも軽減できます。具体的には、**大きな揺れがあれば、地下ガス噴出があり、電気を含めた火気使用を大きく制限しなければならないことを理解し、一人一人、或いは小さな組織がその制限に取り組むことであり、国や学界等による諸基準の見直しを待たなくてもできるのです。**

　我が国には、既報告の体験談だけでなく、潜在的な類似の体験談があると考えられ、本書が、地下ガス噴出の目撃者の記憶を蘇らせ、その潜在的体験談の掘り起こしに貢献できれば幸甚です。そして、それら体験談を科学的に検証することにより、地震予知と二次災害の減災を進展させることができ、それらの過程を他国に示すことは、地震国である我が国の務めでもあると考えます。

　本書を含め地下ガスに関する課題を執筆するに当たり、多くの方々からアドバイスや資料を提供していただき、感謝申し上げます。また、初対面或いは面識のない方々の調査等への協力および拙著への賛意は、筆者の励みにもなり、大変ありがたく、心よりお礼申し上げます。特に、筆者新入社員時配属した土木設計部の先輩、梨本裕氏と、同期入社・同部配属で院卒の先輩、松井芳彦氏には、解明途上の「地下ガス」を対象とした一作目から本書まで、深い理解を示し、的確なアドバイスをいただくと共に原稿チェックまでしていただき、長いお付き合いに深く感謝申し上げます。

　本書は、関東大震災 100 年での出版を目指したものの原稿がまとまらず、さらに、令和 6 年元日、能登半島地震が起き、その追加検証等で、出版が遅れてしまいましたが、遅筆の筆者に最後まで多くの助言をしてくれた高文研の社長飯塚直氏・編集担当の仲村悠史氏はじめ社員の皆様にお礼申し上げます。

令和 6 年能登半島地震の課題は多く、引き続き検証は進められていくのでしょうが、将来、振り返った時、この地震が地震現象の解明の始まりであったと言われるよう、この地震は検証されなければならないと考えます。特に、不可解な液状化現象が、新潟市・富山県氷見市・石川県内灘町等の震源から離れたガス田地域で発生しており、それら地域の被害の中に、真相解明のカギがあると考えられます。

　将来発生する大地震の予測は未だ不可能で、その発生は自然の摂理に従うしかありませんが、その大地震発生時、一人一人が「**地下ガス噴出を想定することができ、二次災害を抑えることができた**」との報告ができるよう、努めるしかないと考えます。

〈参考文献〉

【はじめに】

文献 0-1　橋本万平『地震学事始　―開拓者・関谷清景の生涯―（朝日選書）』（朝日新聞出版、
　　　　　1983 年 9 月）

文献 0-2　堀江博『地下ガスによる液状化現象と地震火災』（高文研、2017 年 1 月）

文献 0-3　堀江博『陥没事故はなぜ起きたのか』（高文研、2023 年 1 月）

文献 0-4　寺田寅彦『天災と国防』（1924 年 5 月に記した『地震雑感』を再構成）（㈱講談社、
　　　　　2011 年 6 月）

【第 1 章】

文献 1-1　永井善左衛門幸一『善光寺大地震図絵：弘化四年 地震後世俗語之種』（真田宝物館
　　　　　所蔵）

文献 1-2　震災予防調査会「大日本地震史料（弘化 4 年 3 月 24 日　信州地震）」（『震災予防調
　　　　　査会報告第 46（乙）号』、明治 37 年 3 月）

文献 1-3　佐山守　他 1 名「古記録による歴史的大地震の調査（第 1 報）（弘化 4 年 3 月 24 日
　　　　　善光寺地震）」（『地震研究所研究速報』、第 10 号、1973 年）

文献 1-4　長野市立博物館『長野市立博物館だより　第 94 号（ふしぎな松代群発地震〜温泉の
　　　　　湧き出しと発光現象〜）』（2015 年 6 月）

文献 1-5　村松郁栄　他 1 名「濃尾地震（明治 24 年）当時のアンケート調査回答集」（『防災科
　　　　　学技術研究所研究資料』、第 155 号、1992 年 12 月）

文献 1-6　震災予防調査会「福井県震災景況」（『震災予防調査会報告第 2 号』、明治 28 年 6 月）

文献 1-7　震災予防調査会「明治 24 年 10 月 28 日濃尾大地震の調査（第 2 回報告）」（『震災予
　　　　　防調査会報告第 32 号』、明治 33 年 9 月）

文献 1-8　インターネット情報、気象庁 H.P.「地震について直下型地震とはどのような地震で
　　　　　すか？」（https://www.jma.go.jp/jma/kishou/know/faq/faq7.html　2024,3）

文献 1-9　佐々木俊二　他 4 名「釜石鉱山の地下深部における地震動特性」（『電力中央研究所
　　　　　報告』、平成 11 年 12 月）

文献 1-10　インターネット情報、国立研究開発法人原子力研究開発機構東濃地科学センター
　　　　　　H.P.「ＦＡＱ　地震が起きると、地下ではどれくらい揺れるのでしょうか？」
　　　　　　（https://www.jaea.go.jp/04/tono/antei/faq/jisin_010.html　2024,3）

文献 1-11　駒田広也　他 2 名「立体アレー観測による地下深部の地震挙動　―細倉鉱山におけ
　　　　　　る地震観測―」（『電力中央研究所報告』、平成元年 8 月）

文献 1-12　国立天文台編『理科年表（平成 4 年版）』（丸善出版、2021 年 11 月）

文献 1-13　宇佐美龍夫　他 4 名『日本被害地震総覧　599-2012』(東京大学出版会、2013 年 9 月)

文献 1-14　諸井孝文　他 1 名「関東地震 (1923 年 9 月 1 日) による被害要因別死者数の推定」(『日本地震工学会論文集』、第 4 巻　第 4 号、2004 年)

文献 1-15　武村雅之『関東大震災　大東京圏の揺れを知る』(鹿島出版会、2003 年 5 月)

文献 1-16　寺田寅彦『天災と国防』(1935 年 10 月に記した『震災日誌より』を再構成) (㈱講談社、2011 年 6 月)

文献 1-17　インターネット情報、地震調査研究推進本部「地震がわかる！」(https://www.jishin.go.jp/main/pamphlet/wakaru_shiryo2/index.htm　2024,3)

【第 2 章】

文献 2-1　インターネット情報、世界ランキング国際統計格付センター H.P.「世界・天然ガス埋蔵量ランキング」(http://top10.sakura.ne.jp/CIA-RANK2253R.html　2024,3)

文献 2-2　角清愛「概報 1,000 万分の 1 日本温泉分布図」(『地質調査所月報』、第 28 巻 2 号、1977 年)

文献 2-3　編者　笠原順三　他 2 名『地震発生と水　―地球と水のダイナミック―』(東京大学出版会、2003 年 3 月)

文献 2-4　中村裕昭　他 2 名「日本海中部地震で発生した巨大噴砂孔に関する調査解析」(『土木学会第 42 回年次学術講演会』、昭和 62 年 9 月)

【第 3 章】

文献 3-1　インターネット情報、国土交通省・液状化対策技術検討会議「『液状化対策技術検討会議』検討成果」(平成 23 年 8 月) (https://www.mlit.go.jp/common/000169750.pdf　2024,3)

文献 3-2　国土交通省都市局市街地整備課「液状化対策推進事業について」(平成 23 年 11 月)

文献 3-3　先名重樹「2011 年東北地方太平洋沖地震における液状化発生率と強震継続時間の関係の検討」(『GSJ 地質ニュース』、2013 年 12 月)

文献 3-4　楡木久「1995 年兵庫県南部地震の液状化・流動化被害　―噴礫現象の意味すること―」(『阪神大震災緊急合同報告会資料集』、1995 年 3 月)

文献 3-5　㈱クボタ「特集＝液状化・流動化」(『アーバンクボタ』、No.40、2003 年 3 月)

文献 3-6　伊藤和明『直下地震！ (岩波科学ライブラリー)』(岩波書店、1995 年 8 月)

文献 3-7　鈴木恵子　他 1 名「1995 年兵庫県南部地震後 10 日間の出火状況」(『消研輯報〈自治省消防庁消防研究所〉』、第 49 号〈特集：阪神淡路大震災〉、1995 年)

文献 3-8　消防庁『阪神淡路大震災の記録（全 4 巻）第 1 巻』(㈱ぎょうせい、平成 8 年 1 月)

文献 3-9　矢野美穂　他 1 名「兵庫県下の温泉付随メタンガスの濃度分布とガス分離設備によるメタンの除去」(『温泉科学』、第 61 巻、2011 年)

文献 3-10　インターネット情報、兵庫県 H.P.「兵庫県南海トラフ巨大地震被害想定の前提条件」(平成 26 年 6 月)(https://web.pref.hyogo.lg.jp/kk37/documents/11p1-1-4p1-2-4.pdf　2024,3)

文献 3-11　インターネット情報、大阪府 H.P.「震度分布・液状化可能性」(平成 25 年 8 月)(https://www.pref.osaka.lg.jp/attach/31241/00267400/PL-Osaka.pdf　2024,3)

文献 3-12　公益社団法人地盤工学会編『地盤調査の方法と解説』(2013 年 4 月)

文献 3-13　一般社団法人関東地質調査業協会編『現場技術者のための地質調査技術マニュアル』(平成 27 年 11 月)

【第 4 章】

文献 4-1　弘原海清『阪神淡路大震災前兆現象 1519 ！』(東京出版、1995 年 9 月)

文献 4-2　石原正男　他 6 名「測地測量が捉えた兵庫県南部地震に伴う地殻変動」(『国土地理院時報』、No.83、1995 年)

文献 4-3　インターネット情報、G-Space「日本全国の地質地盤情報データベース」(https://www.gspace.jp/well.html　2024,3)

文献 4-4　インターネット情報、地震予知計画研究グループ　世話人　坪井忠二　他 2 名『地震予知－現状とその推進計画（通称：ブループリント）』(1962 年)(http://www-solid.eps.s.u-tokyo.ac.jp/~ssj2012/Blueprint.pdf　2024,3)

文献 4-5　茂木清夫「1944 年 東南海地震直前の前兆的地殻変動の時間的変化」(『地震』、第 2 輯　第 35 巻、1982 年)

文献 4-6　インターネット情報、文部科学省 H.P.「『能登半島北東部において継続する地震活動に関する総合調査』に対して科学研究費助成事業（特別研究促進費）による助成を行います」(文部科学省研究開発局 地震・防災研究課、令和 4 年 7 月)(https://www.mext.go.jp/b_menu/houdou/2022/1420210_00003.htm　2024,3)

文献 4-7　河和宏　他 1 名「高精度比高観測点（電子水準点）による東海地域の地殻変動監視について」(『国土地理院時報』、No.93、2000 年)

文献 4-8　山口林蔵　他 1 名「1978 年伊豆大島近海地震の前兆　―伊豆船原、柿木における地下水位の変化―」(『地震研究所彙報』、Vol.53、1978 年)

文献 4-9　インターネット情報、産業技術総合研究所 地質調査総合センター H.P.「地震に関連する地下水観測データベース "Well　Web"　地下水観測 －東海地震予知を目指して―」(https://gbank.gsj.jp/wellweb/GSJ/tokaiyochi/tokaieq.html　2024,3)

文献 4-10　飛田良文　他 1 名『現代擬音語擬態語用法辞典』（東京堂出版、2018 年 6 月）

文献 4-11　インターネット情報、第五管区海上保安本部海洋情報部『昭和 21 年南海大地震調査報告 水路要報 要約版』（昭和 23 年 7 月）（https://www1.kaiho.mlit.go.jp/KAN5/siryouko/suiro-youhou/sum_tokushima.pdf　2024,3）

文献 4-12　日本学術会議　福井地震調査研究特別委員会『昭和 23 年　福井地震　調査研究速報』（昭和 24 年 3 月）

【第 5 章】

文献 5-1　廣井悠　他 2 名「東日本大震災における津波火災の調査概要」（『地域安全学会論文集』、No.18、2012 年 11 月）

文献 5-2　堀江博『地下ガスによる火災』（高文研、2021 年 1 月）

文献 5-3　帝都罹災児童救援会編『関東大震大火全史』（1924 年 3 月）

文献 5-4　インターネット情報、ANN NEWS「津波直後に炎が…竹内アナが見た "7 年前のあの日"（2018/03/11『スーパー J チャンネル』放送）」（https://www.youtube.com/watch?v=w5FzOV_5eK0　2024,3）

文献 5-5　インターネット情報、産経ニュース　気仙沼海上保安署撮影 津波映像（https://www.youtube.com/watch?v=Vj3DZnzlUzc　2024,3）

文献 5-6　消防庁消防研究センター「平成 23 年（2011 年）東北地方太平洋沖地震の被害及び消防活動に関する調査報告書（第 1 報）」（『消防研究技術資料』、第 82 号、平成 23 年 12 月）

文献 5-7　インターネット情報、静岡県高等学校生徒理科研究発表会「平成 21 年 8 月 11 日の駿河湾の地震により発生した液状化の形態と成因」（https://gakusyu.shizuoka-c.ed.jp/science/sonota/ronnbunshu/103016.pdf　2024,3）

文献 5-8　インターネット情報、京都大学 H.P.（2023 年 6 月）、西村卓也　他 2 名「流体とスロースリップに駆動された能登半島群発地震」（https://www.kyoto-u.ac.jp/ja/research-news/2023-06-13-1　2024,3）

文献 5-9　訳者　泉治典　他 1 名『アリストテレス全集 5（気象論、宇宙論）』（岩波書店、1969 年 2 月）

文献 5-10　訳者　大橋容一郎　他 1 名『カント全集 1（前批判期論集Ⅰ）』（岩波書店、2000 年 5 月）

文献 5-11　寺島良安『和漢三才図会（江戸時代中期）』（平凡社、『和漢三才図会（東洋文庫 476）』、訳注者　島田勇雄　他 2 名、1987 年 11 月）

文献 5-12　高橋正明　他 20 名「深層地下水データベース（第 2 版）」（『地質調査総合センター研究資料集』no.653、更新日 2021 年 12 月）

堀江 博（ほりえ・ひろし）

1953 年生まれ、栃木県出身。現在千葉県在住。
1976 年東北大学工学部卒業。同年ゼネコン入社。
2013 年退職。2019 年退社。
在職中、液状化対策関連工事を含む地下工事の計画・設計・施工等に関わり、多くのプロジェクトに、シビルエンジニアとして参画。特に、国内外のプロジェクトで、地下ガスの噴出に絡んで生じる「地下ガスの挙動」の不思議さに遭遇。
退職前より、長年の懸案であった「地下ガスの挙動」の解明に着手。
「地下ガスの挙動」を未解明科学と捉え、ライフワークとし、その挙動が絡む領域を、前3作よりさらに広げ、新たな視点から解明に挑む。

著書
『地下ガスによる液状化現象と地震火災』（2017 年 1 月、高文研）
『地下ガスによる火災』（2021 年 1 月、高文研）
『陥没事故はなぜ起きたのか』（2023 年 1 月、高文研）

なぜ地震予知は不可能で、二次災害は拡大するのか
地下ガスによる地震現象とその解明

● 2024 年 9 月 10 日 ──────── 第 1 刷発行

著　者／堀江　博
発行所／株式会社 高 文 研
　　　　東京都千代田区神田猿楽町 2-1-8 　〒 101-0064
　　　　TEL 03-3295-3415 　振替 00160-6-18956
　　　　https://www.koubunken.co.jp
印刷・製本／中央精版印刷株式会社

★乱丁・落丁本は送料当社負担でお取り替えします。

ISBN978-4-87498-890-9 　C0044